柔性直流输电系统应用与控制

李可年

U0220810

科 学 出 版 社

北 京

内 容 简 介

相比于传统的交流系统，柔性直流输电系统在有功功率和无功功率控制方面具有独特的优越性。随着电力电子技术的发展，柔性直流输电系统成为未来电网升级中具有前景的解决方案。随着柔性直流输电技术的普及和工程的增多，柔性直流输电相关应用场景逐渐丰富，不同应用场景下的柔性直流输电系统运行与控制的独特性。本书总结了在各个典型应用场景下的柔性直流输电系统运行与控制的理论研究结果，反映柔性直流输电系统在不同应用场景下的运行特点、控制策略和调度技术的最新进展。全书分为 8 章，主要内容包括绪论、柔性直流输电系统工作原理、用于大电网异步互联的柔性直流输电系统、电力市场背景下柔性直流输电系统功率优化分配、用于互联风光储互补的柔性直流输电系统、用于城市电网增容改造的柔性直流输电系统、包含多个 DC-DC 变换器的多电压等级柔性直流系统、混合直流输电系统。

本书主要作为高等院校电气工程及其自动化专业的研究生教材，以及从事电力系统运行、直流输配电系统规划设计的工程技术人员或者科学技术研究人员的参考书。

图书在版编目（CIP）数据

柔性直流输电系统应用与控制/李可军，孙凯祺著. —北京：科学出版社，2022.6

ISBN 978-7-03-072368-0

Ⅰ.①柔⋯ Ⅱ.①李⋯ ②孙⋯ Ⅲ.①直流输电-电力系统 Ⅳ.①TM721.1

中国版本图书馆CIP数据核字（2022）第086997号

责任编辑：范运年 / 责任校对：王萌萌
责任印制：吴兆东 / 封面设计：赫 健

科学出版社 出版
北京东黄城根北街 16 号
邮政编码：100717
http://www.sciencep.com

北京凌奇印刷有限责任公司印刷
科学出版社发行 各地新华书店经销

*

2022 年 6 月第 一 版 开本：720×1000 1/16
2024 年 1 月第二次印刷 印张：8 3/4
字数：200 000

定价：98.00 元
（如有印装质量问题，我社负责调换）

前　言

伴随着清洁低碳现代能源体系的发展需求，电网正经历从交流到交直流混合的发展变化。随着柔性直流(voltage source converter based high voltage direct current，VSC-HVDC)输电技术的发展，柔性直流输电系统在电网异步互联、可再生能源发电并网以及城市直流输电系统等方面具有良好的应用前景。根据不同的应用场景，在未来的电力系统中，将有可能出现在原有交流电网网架的基础上，嵌入连接不同电压等级、不同供电区域、不同类型能源和负荷的跨输配电网的多条双端或多端柔性直流输电系统，以满足不同的用电需求。

相比传统交流输电系统和传统直流输电系统，柔性直流输电系统具有有功功率和无功功率解耦控制能力。因此，柔性直流输电系统具有丰富的控制策略与运行方式，其不同控制策略的选择将决定柔性直流输电系统在电力系统中各项功能的实现，进而直接决定电网稳态运行状态下的稳定性和可靠性，以及故障状态下的弹性和灵活性。鉴于其控制策略拥有的决定性意义，从理论上，深层次地对柔性直流输电系统在不同应用场景下的动态特性、控制策略和调度技术进行研究，对其在实际工程中的应用具有重要的现实意义。

鉴于此，本书以柔性直流输电系统为研究对象，重点对柔性直流输电系统在不同应用场景下的运行特点、控制策略和调度技术等内容展开研究，从大电网异步互联、电力市场应用、可再生能源发电并网和城市电网增容改造四个应用场景以及多电压等级柔性直流输电系统和混合直流输电系统两个未来发展方向出发，总结作者所在研究团队在柔性直流输电技术的运行与控制方面的部分研究成果。本书的特色在于，其在柔性直流输电系统研究的理论框架和成果基础上重点对柔性直流输电系统在不同应用场景下的控制策略问题进行系统性的研究，为深入揭示不同应用场景下柔性直流输电系统的控制机理和应用前景等奠定了基础。

本书的研究工作得到下列基金的资助：国家自然科学基金面上项目(编号：51777116)、国家自然科学基金专项基金项目(编号：51347008)。

本书撰写的过程中，得到国内外众多老师、同事和朋友的关爱与帮助，山东大学电气工程学院的领导及老师给予了大力支持。博士后研究生刘智杰，博士研究生任敬国、王卓迪、李良子，以及硕士研究生张正发、王美岩、张进参与了部分研究工作。硕士研究生王文凝、王建建参与了文字编辑和校对工作。在此谨对他们表示衷心的感谢。

由于作者学识有限，书中难免存在不足之处，恳请读者批评指正。

作　者

2021 年 10 月于山东大学千佛山校区

首字母缩略词表

缩略词	英文全称	中文名称
AGC	automatic generation control	自动发电控制
CDCC	constant DC current control	定直流电流控制
CPC	constant power control	定功率控制
CDVC	constant DC voltage control	定直流电压控制
DFIG	doubly fed induction generator	双馈式感应发电机
ESCR	effective short circuit ratio	有效短路比
ESS	energy storage system	储能系统
FPDC	frequency-power droop control	频率-有功功率下垂控制
GTO	gate turn-off thyristor	门极关断晶闸管
IGBT	insulated gate bipolar transistor	绝缘栅双极型晶体管
IGCT	integrated gate-commutated thyristor	集成门极换向晶闸管
LCC-HVDC	line commutated converters based high voltage direct current	基于电流源换流器的高压直流
LMP	locational marginal price	区域边际价格
MIIF	multi-infeed interaction factor	多馈入交互作用因子
MMC	modular multilevel converter	模块化多电平换流器
NLM	nearest level modulation	最近电平逼近调制
OPWM	optimized pulse width modulation	最优脉宽调制
OWF	offshore wind farm	海上风电场
PI	proportional plus integral	比例积分
PWM	pulse width modulation	脉冲宽度调制

续表

缩略词	英文全称	中文名称
SiC	silicon carbide	碳化硅
SPWM	sinusoidal pulse width modulation	正弦脉宽调制
STATCOM	static synchronous compensator	静止同步补偿器
SVPWM	space vector pulse width modulation	空间矢量脉宽调制
VSC	voltage source converter	电压源换流器
VSC-HVDC	voltage source converter based high voltage direct current	基于电压源换流器的高压直流(柔性直流)
VSC-MTDC	VSC based multi-terminal high voltage direct current	基于柔性直流输电技术的多端直流

目　录

第1章 绪 论

1.1 柔性直流输电系统概况

随着可再生能源的大量接入以及新技术的发展，电力系统正在经历由传统交流组网到交流-直流-交直混合的变化[1-5]。直流输电以其较高的供电质量和相较于交流输电技术的大容量供电能力，成为国内外研究的焦点[6-9]。

电力传输技术最早从直流输电开始。早期的直流输电系统采用直流发电机进行发电，再通过直流线路将电力直接送往直流负荷，在整个电力传输过程中没有采用任何换流过程。然而，早期的直流输电系统存在发电机串联运行复杂、运行可靠性较低、发电机换相困难、输配电压升降难等问题，因此，早期的直流输电系统很难实现高压、大功率的电能输送。另外，随着交流发电、输电和变电技术的快速发展，交流输电系统在升降压变换、高压大功率电能输送等方面发展迅速，逐步取代直流构成了现代电力系统[10]。然而，随着交流电网的发展，交流输电系统自身存在的稳定性问题和在远距离输电过程中传输功率受限等问题逐渐凸显，电力系统的进一步发展受到限制。人们再次将目光转向直流输电。

相对于传统交流输电，高压直流输电具有诸多优势，如潮流控制迅速、功率调节灵活、输电线路造价相对于交流更低且损耗小、适用于远距离大容量输电等。此外，高压直流输电没有同步发电机功角稳定性限制，因此电网互联不会加大短路容量。高压直流输电技术始于 20 世纪 20 年代，随着可控汞弧阀(mercury arc valve)的研制成功，1954 年，世界上第一个直流输电工程——瑞典至 Gotland 岛海底直流输电工程正式投入商业运行，标志着世界上第一代直流输电技术的诞生[11]。但是，可控汞弧阀的制造工艺较为复杂，运行时存在逆弧故障率高的问题。此外，可控汞弧阀还存在运行维护困难、可靠性较低和造价昂贵等诸多缺点，采用可控汞弧阀技术的直流输电系统的发展受到了较大限制。20 世纪 70 年代初，可控晶闸管(thyristor)技术开始应用于直流输电系统。相对于可控汞弧阀技术，可控晶闸管技术的逆弧故障率显著降低。此外，可控晶闸管的制造工艺比可控汞弧阀更简单，其运行维护也比可控汞弧阀更加容易。鉴于可控晶闸管的诸多优点，从 1977 年开始，全世界的新开工高压直流输电工程均采用晶闸管换流器作为换流元件。与此同时，已经投入运行的高压直流输电系统的可控汞弧阀换流器也逐步用晶闸管换流器替代。传统高压直流输电系统伴随着晶闸管技术的使用得到迅速发展[12,13]。但是采用可控晶闸管技术的传统直流输电系统也存在自身不可克服的缺点。首先，基于可控晶闸管技术的高压直流输电系统的运行易受到互联的两端交流电网的强度的影响。其次，基于可控晶闸管技术的高压直流输电系统在正常运行情况下需要吸收大量无功功率，且其有功功率和无功功率无法实现解耦控制。此外，基于可控晶闸管技术的传统直流输电系统还存在输出电压电流谐波含量较高的问题，因此并网时需要配置大量的交直流滤波设备，且容易产生换相失败等问题。

伴随着电力电子技术的发展，全控型半导体器件，如绝缘栅双极型晶体管(insulated gate bipolar transistor，IGBT)、集成门极换向晶闸管(integrated gate-commutated thyristor，IGCT)、门极关断晶闸管(gate turn-off thyristor，GTO)以及以碳化硅(silicon carbide，SiC)为代表的宽禁带器件的容量不断增大。以全控型半导体器件为基础的电压源换流器(voltage source converter，VSC)型柔性直流输电技术成为学术界及工业界研究和关注的焦点[14-17]。相比于传统高压直流输电，柔性直流输电可以实现有功无功独立解耦控制，且没有换相失败问题，其集输电容量大、可控性好、控制迅速、不增加系统短路电流、具备动态无功补偿、良好的可再生能源消纳能力、改善电能质量能力以及环境友好等优点于一身，是未来电力系统发展的重要方向[18-23]。

随着输电走廊等土地资源的日益紧张和可再生能源发电的飞速发展，柔性直流输电技术已经成为保障输电安全性与可靠性的最优选择之一，并已在全球范围内应用到可再生能源发电并网、城市供电、交流系统的非同步互联与电力市场交易以及多端直流输电等领域。在环境污染日趋严重和化石能源严重紧缺的背景下，世界各国不断地加快风力发电、太阳能发电等可再生能源发电领域的科研与工程实践，其中大型海上风电场的开发利用已成为国际风能利用的主要趋势。由于海上风电场远离海岸，而海岸上的大陆电网一般为主网末端且较为薄弱，这对其相连电网的电压稳定性等产生了较大的影响，因此，海上风电场难以通过交流和传统的直流输电方式并网。柔性直流输电技术集输电容量大、可控性好、具备动态无功补偿和改善电能质量能力、环境友好等优点于一身，是目前世界上公认的、具有巨大优越性的风电并网方式。当大规模地开发海上风电时，基于柔性直流输电技术的多端直流(VSC based multi-terminal high voltage direct current，VSC-MTDC)输电成为较为理想的选择，其相关研究和工程实践得到了广泛的关注。同时，随着柔性直流输电工程的增多，不同输电工程的换流站间可通过直流线路及直流变压器互联以增强直流输电系统的灵活性和可靠性，相当于形成一个节点数较多的多端柔性直流输电系统，最终构建出真正的直流网络，实现电能的高效合理传输和分配。

1.2 基于 VSC 的直流输电系统

柔性直流输电技术的发展始于 20 世纪 90 年代，截至目前可分为两个发展阶段：两电平、三电平换流器柔性直流输电系统和模块化多电平换流器（modular multilevel converter，MMC）柔性直流输电系统。从 20 世纪 90 年代到 2009 年，柔性直流输电技术为 ABB 公司所垄断。ABB 公司采用两电平和三电平换流器技术，因此，在 20 世纪末到 2009 年所投运的柔性直流输电工程全部采用 ABB 公司开发的换流设备，以两电平和三电平换流器为主（表 1-1）[24,25]。

表 1-1 20 世纪末到 2009 年部分已投运的柔性直流输电工程

投运年份	建造国家	工程名称	拓扑	额定容量 /(MW/Mvar)	直流电压/kV	主要用途	设备商
1997	瑞典	Hällsjön	两电平	3/3	±10	实验	ABB
1999	瑞典	Gotland	两电平	50/±30	±80	风电并网	ABB
2000	澳大利亚	Directlink	两电平	180/±75	±80	电力交易	ABB
2000	丹麦	Tjaereborg	两电平	7.2/-3～4	±9	风电并网	ABB
2000	美国-墨西哥	Eagle Pass	三电平	36/±36	±15.9	电力交易	ABB
2002	美国	Cross Sound	三电平	330/±75	±150	电力交易	ABB
2002	澳大利亚	Murray Link	三电平	220/-150～140	±150	电力交易	ABB
2005	挪威	Troll A	两电平	2×41	±60	钻井供电	ABB
2006	芬兰-爱沙尼亚	Estlink	两电平	350	±150	系统互联	ABB
2009	德国	Borwin 1	两电平	400	±150	风电并网	ABB

注：Troll A、Estlink、Borwin 1 三个工程目前文献无法提供无功，因此仅标注了有功。

两电平和三电平换流器在应用于高压直流输电时均存在如下三点技术困难[26-28]。

（1）两电平和三电平换流器存在桥臂开关器件均压困难问题。单一半导体开关器件耐压水平较低，通常仅为几千伏。在将两电平和三电平换流器技术应用在高压输电领域时，为了达到较高的电压等级，每个桥臂需要串联几百个开关器件。为了避免桥臂中的半导体器件电压分配不均问题，严格的均压控制必须配置在桥臂中，且对半导体器件的一致性提出了较高的要求[29]。

(2)两电平和三电平换流器一般都采用脉冲宽度调制(pulse width modulation，PWM)策略，其正常开关频率可达到 1~2kHz。半导体开关器件的开关频率与开关损耗呈正相关关系，即开关频率越高，器件的开关损耗越大。因此，基于两电平换流器和基于三电平换流器的柔性直流输电系统均存在开关损耗大(两电平，开关损耗约为额定功率的 3%；三电平，开关损耗约为额定功率的 1.7%)和发热严重等问题。

(3)基于两电平和三电平换流器的柔性直流输电系统还存在输出电平数少、波形质量差、输出谐波含量较高等问题。

上述缺点限制了电压源换流器在高电压大功率应用场景中的发展。

1.3　基于 MMC 的直流输电系统

MMC 的发展克服了传统两电平换流器和三电平换流器的均压难题。MMC 是 2001 年德国慕尼黑联邦国防军大学 Rainer Marquardt 教授提出的一种新型的电压源换流器拓扑结构。该拓扑换流器将若干个半桥型子模块级联并与桥臂电抗器组成单个桥臂，主电路中的每相都由上桥臂和下桥臂两个桥臂构成。相比于两电平和三电平换流器，MMC 具有以下优点。

(1)制造难度下降。采用子模块级联的方式形成高电压，从而避免了半导体开关器件的直接连接，因此对开关器件参数的一致性要求不高，显著降低了开关器件制造的工艺要求。

(2)开关频率较低。尤其是采用最近电平逼近调制(nearest level modulation，NLM)方式时，开关频率可降低到 300Hz 以下，从而减小了换流器的开关损耗，并降低了发热量。

(3)输出波形质量高。电压输出波形为阶梯波，当子模块数量较大时，MMC 输出的电压波十分接近正弦波；此外，由于输出电压的谐波含量小，通常已能满足相关标准的要求，无须安装交流滤波器[30-32]。

(4)故障处理能力强。当换流器内部的子模块电容或开关器件发生故障时，可用冗余子模块替换故障子模块来消除故障，且替换过程可在不停运的情况下完成。此外 MMC 的每个桥臂都有一个电抗器与子模块串联，当换流器发生短路故障时，桥臂电抗器可起到限制故障电流上升率的作用。

MMC 的上述优点使其近年来引起了学术界和工业界的广泛关注，其应用范围涉及中压领域(10~110kV)和高压领域(110~500kV)的多种场景[33-35]。自

2010 年以来，全球范围内新建的柔性直流输电工程大多采用 MMC（表 1-2）[29]。近十年来所建造的 VSC-HVDC 工程大多采用该拓扑结构的换流器；此外

表 1-2 2010 年以来已投运的部分柔性直流输电工程

投运时间	建造国家	工程名称	拓扑	额定容量/MW	直流电压/kV	主要用途	设备商
2010	美国	Trans Bay Cable	MMC	400	±200	城市供电	SIEMENS
2010	纳米比亚	Caprivi Link	两电平	300	±350	系统互联	ABB
2011	挪威	ValHall	两电平	78	150	钻井供电	ABB
2011	中国	上海南汇柔性直流输电工程	MMC	18	±30	风电并网	中电普瑞电力工程有限公司
2013	德国	DolWin1	CTL	800	±320	风电并网	ABB
2013	德国	BorWin2	MMC	800	±300	风电并网	SIEMENS
2013	德国	HelWin1	MMC	576	±250	风电并网	SIEMENS
2013	中国	南澳±160kV多端柔性直流输电示范工程	MMC	300	±160	风电并网	—
2014	德国	SylWin1	MMC	864	±320	风电并网	SIEMENS
2014	法国-西班牙	INELFE	MMC	1000	±320	电网互联	SIEMENS
2014	美国	Tres Amigas Superstation	Hybrid MMC	750	±326	可再生能源接入	Alstom
2014	中国	浙江舟山±200kV五端柔性直流科技示范工程	MMC	400	±200	岛屿供电	—
2015	德国	HelWin2	MMC	690	±320	风电并网	SIEMENS
2015	中国	厦门±320kV柔性直流输电科技示范工程	MMC	1000	±320	系统互联	中电普瑞电力工程有限公司
2015	德国	DolWin2	CTL	900	±320	风电并网	ABB
2016	瑞典-挪威	South West Link	MMC	1440	±300	电网互联风电并网	ABB
2016	中国	鲁西背靠背直流工程	MMC	1000	±350	系统互联	
2019	中国	渝鄂直流背靠背联网工程	MMC	2500	±420	系统互联	
2020	中国	张北柔性直流工程	MMC	4500	±500	可再生能源接入	—
2021	中国	乌东德电站送电广东广西特高压多端柔性直流示范工程	Hybrid	8000（总）	±800	电网互联	南瑞集团有限公司/许继集团有限公司

MMC 在静止同步补偿器(static synchronous compensator，STATCOM)、储能系统(energy storage system，ESS)、中高压电机驱动等场景也具有广阔的应用前景。

1.4 直流输电网络发展概况

伴随着直流输电技术的发展，直流输电网络也得到了学术界和工业界的高度关注。直流输电网络的概念在直流输电技术早期发展阶段就已经提出了[8,9]。然而，采用可控汞弧阀或可控晶闸管的传统直流输电技术无法实现输送功率反向。因此，早期直流输电网络以两端直流输电为主，功率传输方向单一，一般应用于远距离大容量功率传输场景中。20 世纪 80 年代后，由于部分直流输电工程需要，基于传统直流输电技术构建的多端柔性直流工程逐渐出现。截至目前，全世界共有 4 个基于传统直流输电技术构建的多端柔性直流输电工程(表 1-3)[36]。但由于潮流方向单一的限制，基于传统直流输电技术构建的多端柔性直流系统并未得到大范围推广。

表 1-3　基于传统直流输电技术构建的多端柔性直流输电工程

投运年份	建造国家	工程名称	拓扑(端)	额定容量/MW	直流电压/kV	主要用途
1985	加拿大	加拿大纳尔逊河柔直工程	LCC(4)	3800	±500	系统互联
1987	意大利	意大利—科西嘉岛—撒丁岛三端直流输电工程	LCC(3)	200	±200	城市供电
1992	加拿大	加拿大魁北克—新英格兰直流输电工程	LCC(5)	2250	±500	系统互联
2000	日本	日本新信浓背靠背三端直流工程	LCC(3)	153	±10.6	系统互联

在柔性直流输电技术被提出并成功应用于工程实践后，直流输电网络的应用场景和拓扑形式得到了进一步扩展。由于采用柔性直流输电系统可以实现有功功率和无功功率的独立控制，传统两端直流输电系统单一潮流方向问题被克服。基于电压源换流器技术的柔性直流输电系统可以构成两端直流系统、多端直流系统(VSC-MTDC)，甚至是柔性直流电网[37,38]。相比结构简单、运行方式相对固定两端直流系统，基于电压源换流器技术的柔性直流输电系统或柔性直流电网在系统运行可靠性、调控的灵活性、应用场景的多元性等方面具有独特的技术优势。基于柔性直流输电技术的直流输电网络在分布式可再生能源发电并网、城市电网增容改造，以及大电网异步互联等领域均具

有广阔的应用前景。本书后面将利用专门的章节讨论不同应用场景下柔性直流输电系统的运行控制问题。

参 考 文 献

[1] 赵成勇. 柔性直流输电建模与仿真技术[M]. 北京: 中国电力出版社, 2014.

[2] 舒印彪. 中国直流输电的现状及展望[J]. 高电压技术, 2004, 30(11): 1-2.

[3] 国家能源局. 电力发展"十三五"规划[R]. 北京: 国家能源局, 2016.

[4] 赵婉君. 高压直流输电工程技术[M]. 北京: 中国电力出版社, 2011.

[5] 韩民晓, 文俊, 徐永海. 高压直流输电原理与运行[M]. 北京: 机械工业出版社, 2010.

[6] 刘振亚, 舒印彪, 张文亮, 等. 直流输电系统电压等级序列研究[J]. 中国电机工程学报, 2008, 28(10): 1-8.

[7] 汤广福, 庞辉, 贺之渊. 先进交直流输电技术在中国的发展与应用[J]. 中国电机工程学报, 2016, 36(7): 1760-1771.

[8] 张建坡. 基于模块化多电平换流器的直流输电系统控制策略研究[D]. 北京: 华北电力大学, 2015.

[9] 徐政, 肖晃庆, 张哲任, 等. 柔性直流输电系统[M]. 2版. 北京: 机械工业出版社, 2017.

[10] 曾南超. 高压直流输电在我国电网发展中的作用[J]. 高电压技术, 2004, 30(11): 11-12.

[11] 曾南超, 赵豌君, 谢国恩. 高压直流输电工程技术[M]. 北京: 中国电力出版社, 2011.

[12] 郭春义, 赵成勇, Montanari A, 等. 混合双极高压直流输电系统的特性研究[J]. 中国电机工程学报, 2012, 32(10): 98-104.

[13] 汤广福, 贺之渊, 滕乐天, 等. 电压源换流器高压直流输电技术最新研究进展[J]. 电网技术, 2008, 32(22): 39-44.

[14] 汤广福. 基于电压源换流器的高压直流输电技术[M]. 北京: 中国电力出版社, 2010.

[15] Ooi B T, Wang X. Boost-type PWM HVDC transmission system[J]. IEEE Transactions on Power Delivery, 1991, 6(4): 1557-1563.

[16] Ooi B T, Wang X. Voltage angle lock loop control of the boost type PWM converter for HVDC application[J]. IEEE Transactions on Power Electronics, 2002, 5(2): 229-235.

[17] Lu W, Ooi B T. Multiterminal LVDC system for optimal acquisition of power in wind-farm using induction generators[J]. IEEE Transactions on Power Electronics, 2002, 17(4): 558-563.

[18] 宋强, 饶宏. 柔性直流输电换流器的分析与设计[M]. 北京: 清华大学出版社, 2015.

[19] 汤广福, 贺之渊, 庞辉. 柔性直流输电工程技术研究、应用及发展[J]. 电力系统自动化, 2013, 37(15): 3-14.

[20] Flourentzou N, Agelidis V G, Demetriades G D. VSC-based HVDC power transmission systems: An overview[J]. IEEE Transactions on Power Electronics, 2009, 24(3): 592-602.

[21] Saeedifard M, Iravani R. Dynamic performance of a modular multilevel back-to-back HVDC system[J]. IEEE Transactions on Power Delivery, 2010, 25(4): 2903-2912.

[22] 蔡新红. 模块化多电平换流器型直流输电系统控制保护策略研究[D]. 北京: 华北电力大学, 2014.

[23] 胡鹏飞. 基于多电平换流器的柔性直流输电技术若干关键问题研究[D]. 杭州: 浙江大学, 2015.

[24] 周月宾. 模块化多电平换流器型直流输电系统的稳态运行解析和控制技术研究[D]. 杭州: 浙江大学, 2014.

[25] 屠卿瑞, 徐政. 基于结温反馈方法的模块化多电平换流器型高压直流输电阀损耗评估[J]. 高电压技术, 2012, 38(6): 1506-1512.

[26] 王金玉. 基于 MMC 的柔性直流输电稳态分析方法及控制策略研究[D]. 济南: 山东大学, 2017.

[27] 杨晓峰, 林智钦, 郑琼林, 等. 模块组合多电平变换器的研究综述[J]. 中国电机工程学报, 2013, 33(6): 1-15.

[28] 韦延方, 卫志农, 孙国强, 等. 适用于电压源换流器型高压直流输电的模块化多电平换流器最新研究进展[J]. 高电压技术, 2012, 38(5): 1243-1252.

[29] 王姗姗, 周孝信, 汤广福, 等. 交流电网强度对模块化多电平换流器 HVDC 运行特性的影响[J]. 电网技术, 2011, 35(2): 17-24.

[30] Marquardt R. Stromrichter schaltungen mit verteilt energies speichem: DE10103031A1[P]. 2001-01-24.

[31] Glinka M. Prototype of multiphase modular multilevel converter with 2MW power rating and 17-level output voltage[C]. 35th Annual IEEE Power Electronics Specialists Conference, Aachen, 2004: 2572-2576.

[32] Dom J, Ettrich D, Lang J, et al. Benefits of multilevel VSC technologies for power transmission and system enhancement[C]. International Exhibition and Seminar of Electrical Networks of Russia-LEP, Moscow, 2007: 1-2.

[33] 姚良忠, 吴婧, 王志冰, 等. 未来高压直流电网发展形态分析[J]. 中国电机工程学报, 2014, 34(34): 6007-6020.

[34] 李国庆, 边竞, 王鹤, 等. 直流电网潮流分析与控制研究综述[J]. 高电压技术, 2017, 43(4): 1067-1078.

[35] Bucher M K, Franck C M. Contribution of fault current sources in multiterminal HVDC cable networks[J]. IEEE Transactions on Power Delivery, 2013, 28(3): 1796-1803.

[36] Guo C, Zhao C. Supply of an entirely passive AC network through a dule-infeed HVDC system[J]. IEEE Transactions on Power Electronics, 2010, 25(11): 2835-2841.

[37] Guo C, Zhang Y, Gole A M, et al. Analysis of dule-infeed HVDC with LCC-HVDC and VSC-HVDC[J]. IEEE Transactions on Power Delivery, 2012, 27(3): 1529-1537.

[38] 刘智杰. 模块化多电平换流器广义稳态分析模型及其应用研究[D]. 济南: 山东大学, 2020.

第2章 柔性直流输电系统工作原理

2.1 柔性直流输电换流器的拓扑结构

常见的电压源换流器按照拓扑结构的不同可分为两电平结构、三电平结构和模块化多电平结构的电压源换流器。下面将具体阐述这几种换流器结构以及其各自的运行方式[1-3]。

2.1.1 两电平结构

如图 2-1 所示，两电平结构的换流器每个桥臂均由全控型器件(如 IGBT 等)和反并联续流二极管构成，直流电压为 U_{dc}，直流侧并联上下两个电容器，每个电容器分压 $1/2U_{dc}$，$i_{ap}\sim i_{cp}$、$i_{an}\sim i_{cn}$ 为桥臂电流。

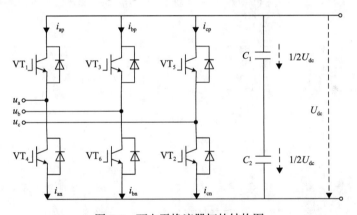

图 2-1　两电平换流器拓扑结构图

换流器 6 个桥臂中的上下两组 IGBT 交替开闭，任何时刻每相上下两组桥臂上的 IGBT 的开关状态都是互补的，从而使交流三相均可与直流正负极连接，加在直流正负极上的电压为此时刻交流侧的线电压。若将两个电容之间的点设为电势零点，则每相可以输出的电压为 $1/2U_{dc}$ 和 $-1/2U_{dc}$，如图 2-2 所示，对两电平换流器可以通过 PWM 的控制方式来逼近正弦波。

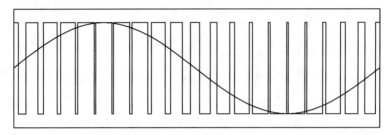

图 2-2　两电平换流器单相输出波形

2.1.2　三电平结构

　　三电平换流器包括二极管箝位型、横跨电容箝位型以及混合箝位型等多种结构形式，在此以二极管箝位型为例介绍其运行原理。如图 2-3 所示，换流器的每相均由 4 个全控型器件、4 个反并联续流二极管以及 2 个箝位二极管组成。当 VT_{a1} 与 VT_{a2} 同时导通时，u_a 相对于 O 点的电压为 $1/2U_{dc}$；当 VT_{a2} 与 VT_{a3} 同时导通时，a 相与 O 点同等电位，因此 $u_a = 0$；当 VT_{a3} 与 VT_{a4} 同时导通时，u_a 相对于 O 点的电压为 $-1/2U_{dc}$。如图 2-4 所示，三电平换流器亦可以通过 PWM 的控制方式来逼近正弦波。

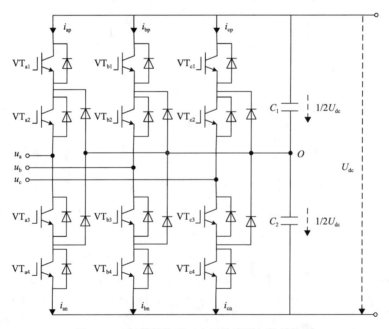

图 2-3　二极管箝位型三电平换流器拓扑结构图

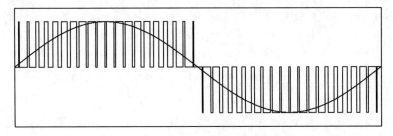

图 2-4　三电平换流器单相输出波形

二极管箝位型三电平换流器是在两电平换流器的基础上改进得来的，其具有控制方式简单、能在一定程度上提升运行性能等优点；但同时具有均压困难、拓扑结构与控制方式较为烦琐等问题。

2.1.3　模块化多电平结构

MMC 拓扑结构如图 2-5 所示，其中 SM 为子模块，L_0 为桥臂电感，u_{ap}～u_{cp}、u_{an}～u_{cn} 为桥臂电压。目前 MMC 大体可分为以下三种基本类型：基于半桥型子模块的 MMC、基于全桥型子模块的 MMC 和基于箝位双子模块的 MMC。由于采用模块化设计，MMC 能够通过改变接入换流器子模块的数量和参数

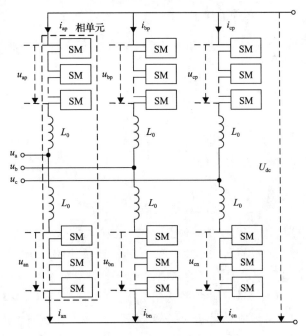

图 2-5　MMC 拓扑结构

满足不同功率、电压等级和谐波含量的要求。而且模块化结构的设计易于实现批量化生产，有利于将其应用在实际工程的建造中。

2.2　柔性直流输电系统运行原理

柔性直流输电系统主要由电压源换流器、控制系统、输电线路、变压器和滤波设备等组成。电压源换流器与交流系统连接的示意图如图 2-6 所示，其中，L 为换流电抗器的等效电感，R 为电压源换流器和与之相连的换流电抗器的等效电阻。

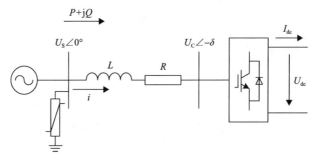

图 2-6　电压源换流器与交流系统连接的示意图

若忽略系统中的损耗，即 $R=0$，则从交流系统输入换流器的功率和换流器交流侧电压分别为

$$P = \frac{U_S U_C}{X} \sin\delta \tag{2-1}$$

$$Q = \frac{U_S(U_S - U_C \cos\delta)}{X} \tag{2-2}$$

$$U_C = \frac{\mu M}{\sqrt{2}} U_{dc} \tag{2-3}$$

式中，U_C 为电压源换流器交流侧母线电压；U_S 为交流系统基波电压；X 为等效换流电抗值；δ 为 U_C 滞后 U_S 的角度，即调制波的相角；μ 为直流电压利用率；U_{dc} 为直流电压额定值；M 为调制比。

由上述公式可得，改变调制波的相角 δ 可以实现对有功功率 P 的控制，改变电压源换流器交流侧母线电压 U_C 或调制比 M 可以实现对无功功率 Q 的控制。当 $\delta > 0$，即 U_S 超前 U_C 时，工作在整流模式下，交流系统向电压源换流器输送有功功率；当 $\delta<0$，即 U_S 滞后 U_C 时，工作在逆变模式下，电压源换流器向交流系统输送有功功率；当 $\delta=0$ 时，电压源换流器起到无功补偿的作用，即工作在 STATCOM 模式下。而且当 $U_S - U_C \cos\delta > 0$ 时，电压源换流器从交流系统中吸收无功功率；当 $U_S - U_C \cos\delta < 0$ 时，电压源换流器向交流系统输送无功功率；当 $U_S - U_C \cos\delta = 0$ 时，电压源换流器不进行无功功率的调节。

从交流系统的角度来看，电压源换流器可以在 PQ 平面的 4 个象限内独立控制其发出或吸收的有功和无功功率，如图 2-7 所示。稳态运行时，交直流系统之间传输的功率大小还受到以下因素的影响。

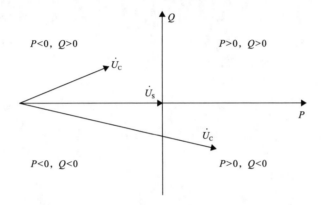

图 2-7 PQ 平面上电压源换流器功率调节示意图

(1) 直流电压最大值限制。

(2) 电压源换流器中允许流过的最大电流 $I_{\max}$ 限制，即

$$P^2 + Q^2 \leqslant (\sqrt{3}U_S I_{\max})^2 \tag{2-4}$$

(3) 直流线路上允许流过的最大电流 $I_{dc,\max}$ 限制，即

$$U_{dc}(-I_{dc,\max}) \leqslant P \leqslant U_{dc} I_{dc,\max} \tag{2-5}$$

2.3 柔性直流输电系统数学模型及控制器设计

基于图 2-6 所示的结构图，电压源换流器交流侧的三相动态微分方程为

$$\begin{bmatrix} u_{sa} \\ u_{sb} \\ u_{sc} \end{bmatrix} = L\frac{d}{dt}\begin{bmatrix} i_a \\ i_b \\ i_c \end{bmatrix} + R\begin{bmatrix} i_a \\ i_b \\ i_c \end{bmatrix} + \begin{bmatrix} u_{ca} \\ u_{cb} \\ u_{cc} \end{bmatrix} \tag{2-6}$$

其中，$u_{sa} \sim u_{sc}$ 为交流源侧 a～c 相电压。

式 (2-6) 可简化表示为

$$u_{sabc} = L\frac{di_{abc}}{dt} + Ri_{abc} + u_{cabc} \tag{2-7}$$

电压源换流器交流侧的母线电压 u_{cabc} 可表示为

$$u_{cabc} = \frac{MU_{dc}}{2}\begin{bmatrix} \sin(\omega t + \delta) \\ \sin(\omega t + \delta - 120°) \\ \sin(\omega t + \delta + 120°) \end{bmatrix} \tag{2-8}$$

其中，M 为调制比；ω 为交流系统角频率。

对式 (2-7) 进行移相变换后可得

$$\frac{di_{abc}}{dt} = \frac{1}{L}u_{sabc} - \frac{R}{L}i_{abc} - \frac{1}{L}u_{cabc} \tag{2-9}$$

交流系统注入电压源换流器的有功功率 P 为

$$P = \begin{bmatrix} i_a & i_b & i_c \end{bmatrix}\begin{bmatrix} u_{sa} \\ u_{sb} \\ u_{sc} \end{bmatrix} \tag{2-10}$$

2.3.1　dq0 坐标系下的数学模型

将式 (2-9) 进行 Park 变换后可得

$$\frac{di_{dq0}}{dt} = \frac{1}{L}u_{sdq0} - \frac{R}{L}i_{dq0} - \frac{1}{L}u_{cdq0} - P_k\frac{d(P_k^{-1})}{dt}i_{dq0} \tag{2-11}$$

其中，Park 变换式 P_k 及其反变换式 P_k^{-1} 可表示如下：

$$P_k = \frac{2}{3}\begin{bmatrix} \cos\alpha & \cos(\alpha - 2\pi/3) & \cos(\alpha + 2\pi/3) \\ \sin\alpha & \sin(\alpha - 2\pi/3) & \sin(\alpha + 2\pi/3) \\ 1/2 & 1/2 & 1/2 \end{bmatrix} \tag{2-12}$$

$$P_k^{-1} = \begin{bmatrix} \cos\alpha & \sin\alpha & 1 \\ \cos(\alpha - 2\pi/3) & \sin(\alpha - 2\pi/3) & 1 \\ \cos(\alpha + 2\pi/3) & \sin(\alpha + 2\pi/3) & 1 \end{bmatrix} \tag{2-13}$$

其中，α 为 a 相电压相位。

将式 (2-12) 和式 (2-13) 代入式 (2-11) 后可得

$$\frac{\mathrm{d}}{\mathrm{d}t}\begin{bmatrix} i_d \\ i_q \\ i_0 \end{bmatrix} = \frac{1}{L}\begin{bmatrix} u_{sd} \\ u_{sq} \\ u_{s0} \end{bmatrix} - \frac{R}{L}\begin{bmatrix} i_d \\ i_q \\ i_0 \end{bmatrix} - \frac{MU_{dc}}{2L}\begin{bmatrix} \cos\delta \\ \sin\delta \\ 0 \end{bmatrix} + \begin{bmatrix} 0 & -\omega & 0 \\ \omega & 0 & 0 \\ 0 & 0 & 0 \end{bmatrix}\begin{bmatrix} i_d \\ i_q \\ i_0 \end{bmatrix} \quad (2\text{-}14)$$

化简后可得

$$L\frac{\mathrm{d}i_d}{\mathrm{d}t} = u_{sd} - Ri_d - u_{cd} - \omega Li_q \quad (2\text{-}15)$$

$$L\frac{\mathrm{d}i_q}{\mathrm{d}t} = u_{sq} - Ri_q - u_{cq} + \omega Li_d \quad (2\text{-}16)$$

其中，$u_{cd} = \dfrac{MU_{dc}}{2}\cos\delta$；$u_{cq} = \dfrac{MU_{dc}}{2}\sin\delta$。

令交流系统母线电压方向为 d 轴方向，则 $u_{sd} = U_S$，$u_{sq} = 0$。式 (2-15) 和式 (2-16) 可简化为

$$u_{cd} = u_{sd} - Ri_d - L\frac{\mathrm{d}i_d}{\mathrm{d}t} - Xi_q \quad (2\text{-}17)$$

$$u_{cq} = -Ri_q - L\frac{\mathrm{d}i_q}{\mathrm{d}t} + Xi_d \quad (2\text{-}18)$$

对式 (2-10) 进行 Park 变换，即

$$P = \begin{bmatrix} i_a & i_b & i_c \end{bmatrix}\begin{bmatrix} u_{sa} \\ u_{sb} \\ u_{sc} \end{bmatrix} = \begin{bmatrix} i_d & i_q & i_0 \end{bmatrix}(P_k^{-1})^T P_k^{-1}\begin{bmatrix} u_{sd} \\ u_{sq} \\ u_{s0} \end{bmatrix} \quad (2\text{-}19)$$

则交流系统和电压源换流器之间交换的有功功率、无功功率分别为

$$P = \frac{3}{2}(u_{sd}i_d + u_{sq}i_q) = \frac{3}{2}u_{sd}i_d \quad (2\text{-}20)$$

$$Q = \frac{3}{2}(u_{sd}i_q - u_{sq}i_d) = \frac{3}{2}u_{sd}i_q \quad (2\text{-}21)$$

由式 (2-20) 和式 (2-21) 可得，P 仅取决于交流系统电压 u_{sd} 和 d 轴上的电

流 i_d, Q 仅取决于交流系统电压 u_{sd} 和 q 轴上的电流 i_q，即通过改变交流电流的两个分量 i_d 和 i_q 便可完成对 VSC 有功和无功的独立控制。

2.3.2　双环矢量控制器的设计

1. 内环电流控制器的设计

将式(2-15)、式(2-16)改写成如下形式：

$$u_{cd} = u_{sd} - u_d' - \omega L i_q \tag{2-22}$$

$$u_{cq} = u_{sq} - u_q' + \omega L i_d \tag{2-23}$$

其中，$u_d' = L\dfrac{di_d}{dt} + Ri_d$；$u_q' = L\dfrac{di_q}{dt} + Ri_q$。

电压分量 u_d' 和 u_q' 为 i_d 和 i_q 的一阶微分表达式，可以利用一个比例积分环节实现，如式(2-24)、式(2-25)所示：

$$u_d' = K_{P1}(i_{dref} - i_d) + K_{I1}\int (i_{dref} - i_d)dt \tag{2-24}$$

$$u_q' = K_{P2}(i_{qref} - i_q) + K_{I2}\int (i_{qref} - i_q)dt \tag{2-25}$$

其中，K_{Pi} 和 $K_{Ii}(i=1,2)$ 分别为比例积分(proportional plus integral, PI)控制器的比例、积分系数；i_{dref} 和 i_{qref} 分别为外环控制器输入的控制电流参考值在 d 轴和 q 轴上的分量。

结合式(2-22)～式(2-25)可得内环电流控制器解耦控制的结构图，如图 2-8 所示。

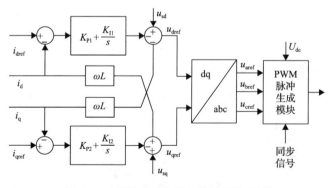

图 2-8　内环电流控制器解耦控制结构图

从内环电流控制器输出的参考电压信号(u_{dref} 和 u_{qref})经过 dq 反变换之后 (u_{aref}、u_{bref}、u_{cref})输入 PWM 脉冲生成模块中，经过处理后生成 PWM 脉冲信号控制开关器件的导通和关断。

在内环电流控制器的设计过程中，调节 PI 参数 K_{P} 和 K_{I} 即可实现对电流控制器动态响应特性的改变，从而最终选择一组合适的控制参数。结合前面提到的在 dq0 坐标系下的数学模型可得如图 2-9 所示的 VSC 控制系统整体结构图。

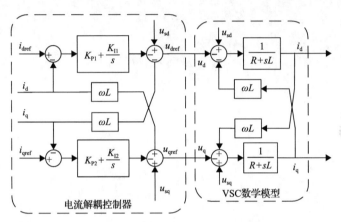

图 2-9　VSC 控制系统整体结构图

2. 外环电压控制器

外环电压控制器按照其控制分量的不同可以划分为以下几种基本的控制方式，包括 d 轴分量控制(定直流电压控制方式、定有功功率控制方式)和 q 轴分量控制(定无功功率控制方式、定交流电压控制方式)。多端系统中至少有一个换流站的外环控制运行在定直流电压控制方式下。

1)定直流电压控制方式

定直流电压控制方式的结构图如图 2-10 所示，PI 控制器的输入是直流电压参考值与测量值之差，限幅后即可输出 d 轴电流参考值 i_{dref} 供内环电流控制器调用。

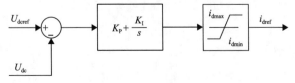

图 2-10　定直流电压控制方式结构图

2) 定有功功率控制方式

定有功功率控制方式的结构图如图 2-11 所示，PI 控制器的输入是有功功率参考值与测量值之差，限幅后即可输出 d 轴电流参考值 i_{dref} 供内环电流控制器调用。

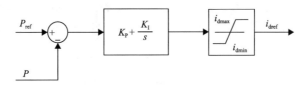

图 2-11　定有功功率控制方式结构图

3) 定无功功率控制方式

定无功功率控制方式的结构图如图 2-12 所示，PI 控制器的输入是无功功率参考值与测量值之差，限幅后即可输出 q 轴电流参考值 i_{qref} 供内环电流控制器调用。

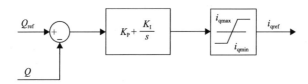

图 2-12　定无功功率控制方式结构图

4) 定交流电压控制方式

定交流电压控制方式的结构图如图 2-13 所示，PI 控制器的输入是交流电压参考值与测量值之差，限幅后即可输出 q 轴电流参考值 i_{qref} 供内环电流控制器调用。

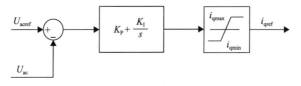

图 2-13　定交流电压控制方式结构图

2.3.3　柔性直流输电系统控制体系

根据国内外科研成果以及实际工程设计方案，柔性直流输电系统的控制体系自上而下通常可分为三个层次：系统级控制、换流站级控制和阀级控制[4-8]。

　　系统级控制一般位于直流系统的运行控制中心，其主要作用是接收电力系统调度中心发出的控制指令，实现柔性直流输电系统的启停控制、有功类控制模式的选择与指令值计算、无功类控制模式的选择与指令值计算等。系统级控制接收电力系统调度中心的有功类与无功类整定值，计算得到各换流站级控制的有功类与无功类指令值，其主要作用在于计算得到的换流站级控制参考值能够维持交直流混合系统的功率平衡和电压稳定，保证系统的持续稳定运行。有功类控制策略包括直流电压控制、有功功率控制、频率控制和直流电流控制等，无功类控制策略包括无功功率控制和交流电压控制。当柔性直流输电系统应用于风电并网、交流系统互联、无源网络供电等不同场合时，应合理地选择相应的有功类与无功类控制策略。

　　换流站级控制属于换流站级控制保护系统，主要作用是有功功率与无功功率的快速控制、运行方式的切换、设备的投切控制等。换流站级控制接收系统级控制的有功类与无功类指令值，并计算得到 PWM 的调制比和移相角，给阀级控制的脉冲触发控制提供参考值。换流站级控制的主要控制方式包括间接电流控制、矢量控制和智能控制等。矢量控制由于控制结构简单、响应速度快，尤其重要的是容易实现电流限制器的设计，成为目前换流站级控制的主流控制方式，被广泛地应用于柔性直流输电工程中。换流站级控制很大程度上决定了柔性直流输电系统的动态响应特性，是控制系统的关键。

　　阀级控制的主要作用是根据 PWM 原则产生相应的触发脉冲，并实时监控阀组状态。阀级控制接收换流站级控制计算得到的调制比和移相角，并通过相应的 PWM 方式产生触发脉冲，最终实现对开关器件的控制。常用的控制策略为正弦脉宽调制（sinusoidal pulse width modulation，SPWM）、空间矢量脉宽调制（space vector pulse width modulation，SVPWM）和最优脉宽调制（optimized pulse width modulation，OPWM）等。

2.4　多端柔性直流输电系统基本协调控制策略

2.4.1　主从控制策略

　　主从控制策略要求将各个 VSC 划分为主控站和从站，在换流站级控制之上设置上层控制器，上层控制器采集各个 VSC 的运行参数，再根据特定系统对于各地方站的要求，按照比例分配给各站。两种主从控制分别阐述如下[9-11]。

1. 统一控制

当换流站与上层控制器之间的通信信道较好，即通信速率较快时，可以采用统一控制策略。统一控制策略是由上层控制器统一协调各换流站运行特性的一种主从控制策略，当忽略线路和换流站的损耗时，上层控制器需保证各个地方站之间传输的有功功率之和为 0，如图 2-14 所示，其中 A 为当前控制运行点。

$$P_{v1} + P_{v2} + P_{v3} = 0 \tag{2-26}$$

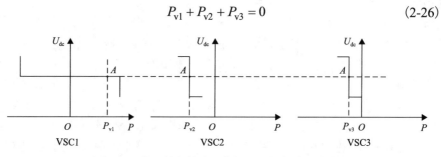

图 2-14 统一控制策略下各换流站控制特性曲线

由于主控站 VSC1 在正常运行状况下工作在定直流电压控制的方式下，且距离功率限制范围有一定的裕量，因而在系统受到小扰动时，可由主控站自行调节功率输出，使之满足系统中的功率平衡。当系统受到大干扰时，可能造成主控站的功率越限，越限后的主控站运行在定有功功率控制的模式下，若此时其他换流站还有裕量调节，则可由上层控制器重新调节其他换流站的运行参数并将其控制方式切换到合适的类型，重新选定一个裕量较大的站作为新的主控站，稳定系统的直流电压[11]。

2. 裕度控制

当换流站与上层控制器之间的通信速率较慢时，可以采用裕度控制策略。裕度控制策略是指 VSC-MTDC 系统中主控站设定运行在定直流电压控制的方式下同时保持一定裕量进行有功功率调节，其他所有换流站控制有功功率并设有一定裕量，当发生功率突变或其他较大扰动时，各站之间可自行切换运行方式的一种控制策略[12]。

考虑到距离较远时通信系统传输速率变慢或可靠性降低，对于远距离输电的多端柔性直流系统，裕度控制策略需对各站的功率整定值预设一个在正常范围内的裕度，从而使各站在按照预设整定值运行的情况下保证整个多端系统运行的稳定性[13]。

　　如图 2-15 所示，VSC1 作为主控站，设定其运行于定直流电压控制的方式下，VSC2 和 VSC3 均设定运行于定有功功率控制的方式下。假定 VSC3 的有功出力增加，当 VSC1 的调节能力达到极限时（即 B 点），VSC1 已不具备调节有功功率的能力，此后将调整为定有功功率的运行方式。同时，将 VSC2 的控制级自动升级为主控级，并改变运行方式为定直流电压控制以确保直流电压的恒定，系统最终稳定在 C 点。

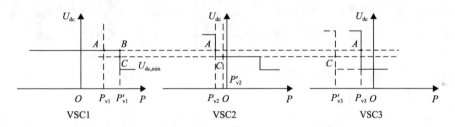

图 2-15　裕度控制策略下各换流站控制特性曲线

2.4.2　电压下降控制策略

　　电压下降控制策略是指将连接交流系统的 VSC 设定在电压源的工作方式下，且电压特性随着传输功率的上升而减小，从而保证多端系统的功率平衡和直流电压的相对稳定[14]。采用电压下降控制的 VSC-MTDC 系统，其传输的有功可在各站之间自动分配，无须上层控制器调节换流站设定整定值，因而对通信系统无特别高的要求。但由于功率在各换流站之间分配的原则取决于电压-功率曲线的斜率，因而选择一种合适的电压下降斜率特性对控制效果起至关重要的作用[15]。

　　如图 2-16 所示，VSC1 和 VSC2 运行在电压下降的模式下，其下降斜率

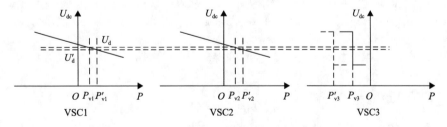

图 2-16　电压下降控制策略下各换流站控制特性曲线

可以根据各站的要求具体设定, VSC3 采用定有功功率的控制方式, 其有功功率设定值可以根据功率传送的要求而变化。例如, 当 VSC3 输出有功增加时, 在电压下降控制策略下, 由 VSC1 和 VSC2 按照各自设定的下降斜率共同调节系统有功的平衡, 由图可见, 调整后的直流电压降低了 $U_{\mathrm{d}} - U_{\mathrm{d}}'$。

　　基于上述柔性直流输电系统换流器的双环控制和多端柔性直流输电系统的基本协调控制策略, 柔性直流输电系统可以针对不同的控制目标设计不同的控制策略, 从而满足电力系统的多样化需求[16]。因此, 柔性直流输电系统的控制策略与运行方式是柔性直流输电系统在电力系统中实现不同控制目标的关键所在, 它直接影响着电网运行的稳定性和可靠性, 以及故障状态下的弹性和灵活性。因此深度研究柔性直流输电系统在不同应用场景下的动态特性、控制策略和调度技术, 对其在实际工程中的应用具有重要的现实意义。本书在后面各章节中, 将对柔性直流输电系统在不同应用场景、不同运行目标下的控制策略进行详细介绍。

参 考 文 献

[1] 徐星星. 模块化多电平换流器结构的柔性直流输电系统的研究[D]. 南京: 东南大学, 2012.

[2] 徐政. 柔性直流输电系统[M]. 北京: 机械工业出版社, 2013.

[3] 同向前, 伍文俊, 任碧莹. 电压源换流器在电力系统中的应用[M]. 北京: 机械工业出版社, 2012.

[4] 梁海峰, 李庚银, 王松, 等. VSC-HVDC 系统控制体系框架[J]. 电工技术学报, 2009, 24(5): 141-147.

[5] 董云龙, 包海龙, 田杰, 等. 柔性直流输电控制及保护系统[J]. 电力系统自动化, 2011, 35(19): 89-92.

[6] 汤广福. 高压直流输电装备核心技术研发及工程化[J]. 电网技术, 2012, 36(1): 1-6.

[7] 胡静, 赵成勇, 赵国亮, 等. 换流站通用集成控制保护平台体系结构[J]. 中国电机工程学报, 2012, 32(22): 133-140.

[8] 梁少华, 田杰, 曹冬明, 等. 柔性直流输电系统控制保护方案[J]. 电力系统自动化, 2013, 37(15): 59-65.

[9] Eduardo P A, Fernando D B, Adria J F, et al. Methodology for droop control dynamic analysis of multiterminal VSC-HVDC grids for offshore wind farms[J]. IEEE Transactions on Power Delivery, 2011, 26(4): 2476-2485.

[10] 陈海荣, 徐政. 适用于 VSC-MTDC 系统的直流电压控制策略[J]. 电力系统自动化, 2006, 30(19): 28-34.

[11] Zhao C Y, Hu J, Yang L, et al. Control and protection strategies for multi-terminal HVDC transmission systems based on voltage source converters[C]. CIGRE Session 44, Paris, 2012.

[12] 唐庚, 徐政, 刘昇, 等. 适用于多端柔性直流输电系统的新型直流电压控制策略[J]. 电力系统自动化, 2013, 37(15): 125-132.

[13] 胡静. 基于 MMC 的多端直流输电系统控制方法研究[D]. 北京: 华北电力大学, 2013.

[14] 吴俊宏. 多端柔性直流输电控制系统的研究[D]. 上海: 上海交通大学, 2010.

[15] 张静. VSC-HVDC 控制策略研究[D]. 杭州: 浙江大学, 2009.

[16] 梁海峰. 柔性直流输电系统控制策略研究及其实验系统的实现[D]. 北京: 华北电力大学, 2009.

第3章 用于大电网异步互联的柔性直流输电系统

3.1 引　言

随着能源互联网的发展，远距离、大功率输电的需求不断增长，可再生能源发电所占比例也不断提高，传统交流输电在大规模新能源接入和远距离能源输送方面面临诸多技术挑战[1,2]。为了进一步提高电网的灵活性、经济性和可靠性，电网的互联规模日益扩大。然而，由于互联电网结构的复杂性，各区域负荷特性和系统运行方式具有显著差异。当互联电网遭遇扰动时，区域电网的稳定性将受到影响，互联电网面临低频振荡、连锁故障等问题。

高压直流输电系统因其经济效率高而被广泛用于远距离、大功率输电。随着 VSC 技术的发展，基于柔性直流输电技术的直流输电系统已经成为满足电气系统许多扩展和互联要求的有前途的解决方案。目前，已经有部分电力公司尝试利用基于传统直流输电技术构建的直流输电系统对遭受扰动的电网进行功率支援及频率稳定控制[3-5]。但是，基于传统直流输电技术的直流输电系统在潮流反向控制时需要反转电压极性，限制了其功率控制的能力[6]。柔性直流输电系统具有快速功率反向能力、有功功率与无功功率独立控制、黑启动以及可连接弱交流网络等诸多优势，可提高互联电网相互支援的能力和区域备用互补的灵活性[7]。

由于直流系统对交流电网频率波动具有不敏感性，提供互联电网频率调节是利用柔性直流输电技术互联交流异步电网的另一优势[8]。利用柔性直流输电系统互联交流异步电网，在保证互联电网的灵活性、经济性的基础上，可有效降低电网连锁故障的发生，提高互联电网的抗扰动能力[9-11]。通过柔性直流输电对交流电网进行频率控制，在故障时可以实现快速功率支援，保证交流电网的暂态安全；稳态运行时，可通过共享电网备用容量的方式降低电网自有备用容量，提高电网经济运行水平[12-14]。

电网频率的恢复是一个复杂的过程。电网遭遇扰动后的频率控制一般划分为一次调频控制和二次调频控制。一次调频控制属于紧急功率支援控制，目的是在电网遭遇扰动后，快速稳定电网频率，减少电网频率变化；电网二次调频控制属于频率恢复控制，一般采用自动发电控制(automatic generation control,

AGC）的方式，将扰动后的电网频率逐步恢复至电网额定频率[15,16]。本章介绍一种用于大电网异步互联的柔性直流输电系统的直流互联频率支援及恢复策略。当电网遭遇扰动时，直流互联紧急支援控制和频率安全辅助控制可以实现紧急功率控制，减小交流电网事故后的频率变化量；扰动后，所提出的直流互联调频恢复控制可以继续参与到电网频率恢复过程中，起到稳定频率和加速电网频率恢复的作用。3.3 节在基于 PSS/E 软件平台开发的北美电网简化模型的基础上搭建的两端直流互联仿真模型，验证了本章所提出的控制策略的有效性。

3.2　柔性直流输电系统直流互联频率支援及恢复策略

针对电网频率稳定及恢复的各个过程，本章提出的用于大电网异步互联的柔性直流输电系统的直流互联频率支援及恢复策略如图 3-1 所示。

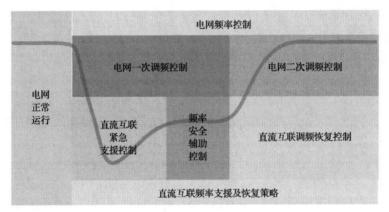

图 3-1　用于大电网异步互联的柔性直流输电系统的直流互联频率支援及恢复策略

用于大电网异步互联的柔性直流输电系统的直流互联频率支援及恢复策略具体包括以下三部分：①直流互联紧急支援控制；②频率安全辅助控制；③直流互联调频恢复控制。其中，直流互联紧急支援控制和频率安全辅助控制对应电网一次调频控制，统称为直流互联频率支援控制；直流互联调频恢复控制对应电网二次调频控制。

3.2.1　直流互联紧急支援控制

直流互联紧急支援控制的目的是减小交流电网事故后的频率变化量。在传统的柔性换流站中，其直流互联频率控制多采用固定的比例系数，未考虑参与调频的对侧交流电网的调频能力，这导致在利用柔性直流互联支援功率的过程中，对侧交流电网频率可能会发生较大偏差，影响其自身的安全稳定运行。为避免该问题，本章采用两侧频率偏差量作为控制量。图 3-2 为直流互联紧急支援控制的控制器结构。图中，f_{ref} 为电网稳态频率；f 为电网实际频率；Δf 为电网实际频率与稳态频率的差值；K 表示有功-频率的调节斜率；f_{deadband} 为频率偏差死区；ΔP_{MW} 为对电网进行频率控制后获得的有功增量；$P_{\text{max}}/P_{\text{min}}$ 为有功功率控制上限/下限；P_{frecy} 为直流互联紧急支援控制输出的有功功率值。有功-频率调节斜率 K 通过考虑柔性直流输电系统两侧交流电网的在线备用容量和惯量来确定取值。

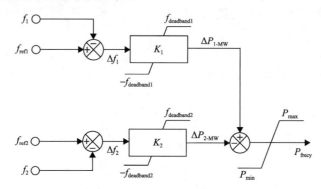

图 3-2　直流互联紧急支援控制的控制器结构示意图

如图 3-2 所示，假设柔性直流输电系统两侧的异步交流电网为电网 1 和电网 2。当电网 1 受到扰动导致频率降低时，电网 1 出现不平衡频率，通过直流互联紧急支援控制，柔性直流输电系统的功率将改变为

$$P_{\text{DC}} = P_{\text{ref}} + K_1 \times (f_{\text{ref1}} - f_1) \tag{3-1}$$

其中，P_{ref} 为未增加直流互联紧急支援控制情况下的有功控制参考值。

电网 2 将向电网 1 提供额外的功率以稳定电网 1 的频率。此时，电网 2 出现不平衡功率，频率也将降低，流经柔性直流输电系统的功率为

$$P_{\text{DC}} = P_{\text{ref}} + K_1 \times (f_{\text{ref1}} - f_1) + K_2 \times (f_{\text{ref2}} - f_2) \tag{3-2}$$

由式(3-1)和式(3-2)可知，直流互联紧急支援控制可以响应柔性直流输电系统两侧交流电网的频率变化情况，随时调节柔性直流输电系统功率。通过设置不同的频率偏差死区和控制斜率，对于柔性直流输电系统两侧交流电网调频能力不同的情况，可以独立调节换流站对其所连接的交流电网内的频率波动的响应能力，在保证本侧交流电网安全运行的同时，向对侧交流电网

提供紧急功率支援，防止出现支援电网向受援电网提供超过自身备用容量功率支援的情况。

3.2.2　频率安全辅助控制

当电网频率趋于稳定后，柔性直流输电系统面临两个问题：①如何确定直流互联紧急支援控制已经结束；②稳定后的电网频率是否能保证受扰动电网安全运行。

为了解决上述两个问题，本章在直流互联紧急支援控制后加入频率安全辅助控制。频率安全辅助控制包含两个控制器：频率稳定识别控制器和频率校正控制器。

频率稳定识别控制器的作用是判断直流互联紧急支援控制的结束时刻，以使柔性直流输电系统在电网频率稳定后自动保持当前柔性直流输电系统上的功率量。图 3-3 为频率稳定识别控制器的结构，f 为电网实际频率，f' 为 f 的导数的绝对值，f'_{set} 为频率目标导数，signal 为频率稳定后控制器输出的信号。

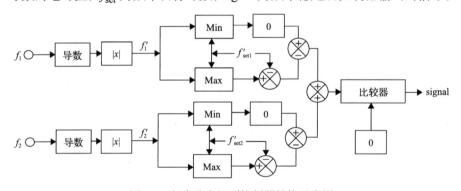

图 3-3　频率稳定识别控制器结构示意图

如图 3-3 所示，频率稳定识别控制器通过监测换流站所连接交流电网的频率的一次导数变化，判断电网频率波动状况。由于电网稳态频率仍会有小范围波动，根据柔性直流输电系统两侧电网的实际情况，可设置不同的频率目标导数值。当柔性直流输电系统两侧交流电网的频率波动均小于其设定值时，控制器发出信号，保持当前柔性直流输电系统上的功率量不变。

频率稳定识别控制器可以同时识别两侧电网的频率波动情况，确保两侧电网均稳定后再退出直流互联紧急支援控制。同时，如果电网再次受到扰动，通过频率稳定识别，当频率波动大于频率目标导数设置值时，直流互联紧急支援控制将再次介入稳定交流电网频率。

在某些情况下，由于电网内部发电机调速能力不足，虽然通过直流互联紧急支援控制减小了交流电网频率变化量,但依然可能出现电网稳定后的频率不在安全运行频率范围内的情况。目前,我国电网正常运行情况下的频率偏差限值不超过±0.2Hz[17]。为了保证电网稳定后处于安全运行频率范围内,在电网频率稳定后,加入了频率校正控制器。图 3-4 为频率校正控制器结构,Δf_{safe} 为安全频率 f_{safe} 与电网稳态频率 f_{ref} 偏差目标值,$\Delta P_{\text{safe-MW}}$ 为频率校正控制后输出的功率调节量,K 表示有功-频率的调节斜率。频率校正控制器的有功-频率调节斜率 K 的确定方式与直流互联紧急支援控制相同,通过考虑柔性直流输电系统两侧交流电网的在线备用容量和惯量来确定取值。

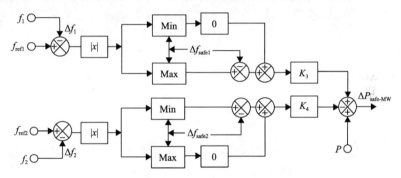

图 3-4　频率校正控制器结构示意图

如图 3-4 所示,当电网频率稳定后,频率校正控制器将启用并判断当前电网频率与电网稳态频率的偏差量是否在允许范围内。如果柔性直流输电系统一侧电网稳定后的频率超过安全运行频率范围,则控制器将向电网输入一个额外的功率调节量 $\Delta P_{\text{safe-MW}}$,校正该侧电网频率,使其继续升高到安全频率限值。

$$\Delta P_{\text{safe-MW}} = K_3 \times (\Delta f_1 - \Delta f_{\text{safe1}}) + K_4 \times (\Delta f_2 - \Delta f_{\text{safe2}}) \tag{3-3}$$

控制系统可能存在控制输出量与设定的最低安全运行频率存在偏差的问题。因此,在设定的最低安全运行频率基础上,增加频率裕度 δ,保证控制结束后频率稳定在最低安全运行频率。

$$\Delta f_{\text{safe}} = f_{\text{ref}} - f_{\text{safe}} - \delta \tag{3-4}$$

频率校正控制器可以同时判断柔性直流输电系统两侧电网稳定后的频率情况,确保两侧电网的安全稳定运行。频率校正控制器在频率稳定识别控制器发出信号后启动,避免了在直流互联紧急支援控制时同时运行,影响直流互联紧急支援控制。

通过频率安全辅助控制的两个控制环节，可以保证在直流互联紧急支援控制结束后，受扰动电网的稳定频率在其安全运行频率范围内，保证受扰动电网在结束一次调频后安全稳定运行。

3.2.3　直流互联调频恢复控制

电网一次调频控制属于有差调节，当电网通过一次调频控制稳定频率后，其频率与稳态运行频率一般存在一定的差值。为了使电网频率恢复到稳态运行频率，需要电网二次调频控制。为了使电网尽快恢复到额定运行频率，柔性直流输电系统在参与电网一次调频控制后，采用直流互联调频恢复控制，继续参与到电网二次调频控制，提高电网二次调频速度。考虑柔性直流输电系统参与到电网二次调频中，应确定柔性直流输电系统在电网分配中的分配因子，即分配给柔性直流输电系统的功率比例。根据电力系统二次调频特性，其分配因子 K_{DC} 可定义为

$$K_{DC} = -\Delta f^* / \Delta P_{DC}^* = -(\Delta f / f_0) / (\Delta P_{DC} / P_{DC0}) \tag{3-5}$$

其中，Δf^* 为当前频率与电网频率偏差量的标幺值；ΔP_{DC}^* 为直流功率偏差量标幺值；Δf 为当前频率与电网频率偏差量；f_0 为电网稳态频率；ΔP_{DC} 为功率偏差量；P_{DC0} 为换流站容量。假设受到扰动的电网内部有 n 台参与二次调频的发电机，采用无差调节的积差调节法，考虑直流参与二次调频，则有

$$\begin{cases} \int \Delta f^* \mathrm{d}t + K_{G1} \times \Delta P_{G1}^* = 0 \\ \qquad\qquad \vdots \\ \int \Delta f^* \mathrm{d}t + K_{Gi} \times \Delta P_{Gi}^* = 0 \\ \qquad\qquad \vdots \\ \int \Delta f^* \mathrm{d}t + K_{Gn} \times \Delta P_{Gn}^* = 0 \\ \int \Delta f^* \mathrm{d}t + K_{DC} \times \Delta P_{DC}^* = 0 \end{cases} \tag{3-6}$$

其中，ΔP_{Gi}^* 为第 i 个调频机组的有功功率变化量标幺值；K_{Gi} 为第 i 个调频机组的有差调节器的分配因子。直流互联调频恢复控制参与到电网二次调频控制中，其电网调频方程为

$$\Delta P^* = \sum_{i=1}^{n} \Delta P_{Gi}^* + \Delta P_{DC}^* = -\int \Delta f^* \mathrm{d}t \times \left(\sum_{i=1}^{n} \frac{1}{K_{Gi}} + \frac{1}{K_{DC}} \right) \tag{3-7}$$

其中，ΔP^* 为恢复电网稳态频率所需的功率增加量标幺值。假设电网中各点频率是一致的，则各机组的频率偏差量的积分 $\int \Delta f^* \mathrm{d}t$ 可以认为是相等的。

则有

$$\int \Delta f^* \mathrm{d}t = -\frac{\Delta P^*}{\displaystyle\sum_{i=1}^{n}\frac{1}{K_{\mathrm{G}i}}+\frac{1}{K_{\mathrm{DC}}}} \tag{3-8}$$

则在电网二次调频中，柔性直流输电系统所承担的直流功率偏差量标幺值为

$$\Delta P_{\mathrm{DC}}^* = -K_{\mathrm{Secondary}} \times \Delta P^* = -\Delta P^* \bigg/ \left(\sum_{i=1}^{n}\frac{K_{\mathrm{DC}}}{K_{\mathrm{G}i}}+1\right) \tag{3-9}$$

其中，$K_{\mathrm{Secondary}}$ 为直流互联调频恢复控制功率分配系数：

$$K_{\mathrm{Secondary}} = \frac{1}{\displaystyle\sum_{i=1}^{n}\frac{K_{\mathrm{DC}}}{K_{\mathrm{G}i}}+1} \tag{3-10}$$

直流互联频率支援及恢复控制策略总控制器结构如图 3-5 所示。I_{dlim} 和 $-I_{\mathrm{dlim}}$ 表示 d 轴电流 PI 控制的上下限值，I_{qlim} 和 $-I_{\mathrm{qlim}}$ 表示 q 轴电流 PI 控制的上下限值，I_{dref} 和 I_{qref} 分别表示 d 轴电流参考值和 q 轴电流参考值，I_{d} 和 I_{q} 分别表示 d 轴电流和 q 轴电流，U_{d} 和 U_{q} 分别表示 d 轴电压和 q 轴电压，M_{d} 和 M_{q} 分别表示电压调制波的 d 轴和 q 轴分量。

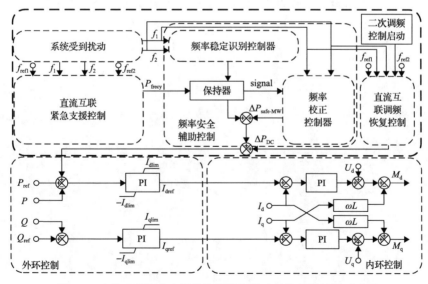

图 3-5　直流互联频率支援及恢复控制策略总控制器结构示意图

当电网频率出现异常波动时，电网一次调频控制介入。此时，直流互联紧急支援控制启动，向受扰动电网提供紧急功率支援。同时，频率安全辅助控制启动，频率安全辅助控制内部的频率稳定识别控制器识别柔性直流输电系统两侧频率。当线路两侧频率均稳定后，频率稳定识别控制器发出信号，保持直流互联紧急支援控制当前直流控制量不变，并启动频率校正控制器，频率校正控制器判断当前电网频率是否在其安全稳定运行范围内，如果超出范围，则柔性直流输电系统进一步向受扰动电网提供功率支援，直到受扰动电网频率进入其安全稳定运行范围内。当电网二次调频控制启动后，直流互联调频恢复控制收到启动信号，通过与电网自身调频机组配合，实现电网频率无差调节，将电网运行频率快速恢复到稳态运行频率。

3.3　柔性直流输电系统直流互联频率支援及恢复控制策略仿真验证

3.3.1　仿真平台介绍

为验证所提出的控制策略的有效性，本章在基于 PSS/E 软件平台开发的北美电网简化模型的基础上，利用 ABB 公司的 HVDC Light® 模型建立了如图 3-6 所示电网的直流互联仿真模型[18]。

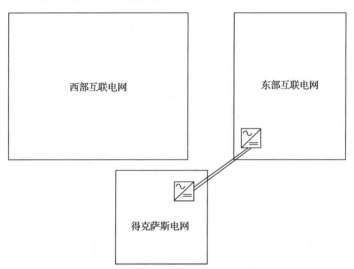

图 3-6　得克萨斯电网和东部互联电网结构示意图

如图 3-6 所示，本章采用的北美电网简化模型由西部互联电网、东部互联电网和得克萨斯电网组成。3 个互联电网互为异步系统，简化的东部互联电网具有 528 个节点，简化的西部互联电网具有 191 个节点，简化的得克萨斯电网具有 225 个节点。在该模型中，系统的频率响应和主要传输走廊中的功率流与实际电网一致。

本节基于 HVDC Light®模型建立了互联东部互联电网和得克萨斯电网的两端直流输电系统[19]。根据本章所提出的控制策略，基于 HVDC Light®模型自带的有功功率调制控制器，在 PSS/E 中自定义了直流互联频率控制器，实现了直流互联紧急支援控制、频率安全辅助控制以及直流互联调频恢复控制。所建立的两端直流系统及直流互联频率控制器具体参数如表 3-1 所示。

表 3-1　两端直流系统及直流互联频率控制器参数

参数	东部互联电网	得克萨斯电网
换流站容量/MW	1200	1200
电压等级/kV	±320	±320
直流互联紧急支援控制调节斜率	2500	4000
频率安全辅助控制调节斜率	10	10

在仿真验证中，东部互联电网在紧急频率支援控制策略下最多向得克萨斯电网输送 750MW 功率，得克萨斯电网在紧急频率支援控制策略下最多向东部互联电网输送 500MW 功率。初始状态下，得克萨斯电网通过换流站向东部互联电网换流站固定传输 200MW 功率。

3.3.2　柔性直流输电系统参与电网一次调频控制

在 5s 时，得克萨斯电网内部一台容量为 1055.038MW 的发电机发生切机故障。假设电网安全运行最低频率为 59.90Hz。仿真结果如图 3-7 所示。

如图 3-7 所示，5s 前，得克萨斯电网处于稳态运行状态。5s 时，发电机切机故障发生，得克萨斯电网频率开始下降。由于柔性直流输电系统参与到系统一次调频，直流互联紧急功率支援控制工作，柔性直流输电系统上的功率随着电网频率的降低而增加。如图 3-7 所示，在仿真中，得克萨斯电网在 7.5s 下降到频率最低点，最低点频率为 59.75Hz。随后电网频率恢复，最终在 12.5s 稳定在 59.79Hz。与此同时，在柔性直流输电系统功率传输上，由

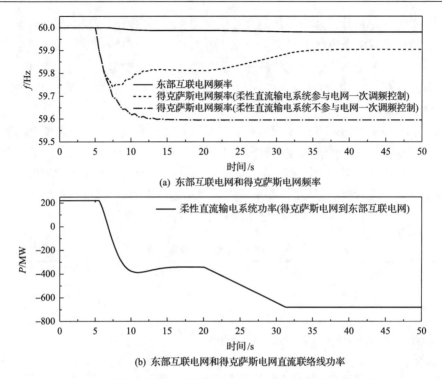

(a) 东部互联电网和得克萨斯电网频率

(b) 东部互联电网和得克萨斯电网直流联络线功率

图 3-7　柔性直流输电系统参与电网一次调频控制的仿真结果

得克萨斯电网向东部互联电网输送 200MW 额定功率变为由东部互联电网向得克萨斯电网输送 400MW 额定功率。

　　在系统频率稳定后,频率安全辅助控制启动。频率稳定识别控制器作用,判断频率稳定后,保持当前直流互联紧急功率支援控制的直流控制量,并启动频率校正控制器。由于此时电网稳定频率小于电网最低安全运行频率59.90Hz,频率校正控制器起用,通过柔性直流输电系统由东部互联电网向得克萨斯电网输送的功率进一步增加,电网频率继续升高。最终,系统频率在33.5s 恢复至 59.90Hz,通过柔性直流输电系统由东部互联电网向得克萨斯电网输送的功率达到 680MW。

　　如果柔性直流输电系统不参与电网一次调频控制,如图 3-7(a)所示,在仿真中,得克萨斯电网在 15s 下降到频率最低点 59.60Hz,相比柔性直流输电系统参与电网一次调频控制的频率最低点低 0.15Hz;并最终稳定在 59.60Hz,没有频率恢复过程。

　　由仿真结果可知,仅依靠电网一次调频控制,电网受到扰动后频率波动较大，频率最低点相比柔性直流输电系统参与电网一次调频控制较低，且电网一次调频结束后，电网无法恢复到最低安全运行频率，影响电网安全运行。柔性直流输电系统参与到电网一次调频控制，可以提高电网受到扰动后的频率最低点，减小电网频率波动量；同时快速稳定电网频率，减少电网低频运行时间。此外，柔性直流输电系统参与到电网一次调频控制，还可以根据电网安全运行要求，进一步提高电网稳定频率至安全运行频率范围内，保证电网安全运行。

3.3.3　柔性直流输电系统参与电网二次调频控制

电网二次调频控制在系统受到扰动后 40s 时启动。仿真结果如图 3-8 所示。

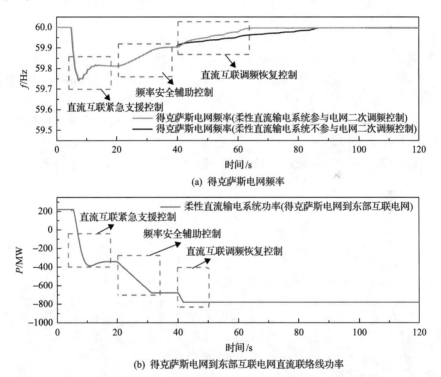

(a) 得克萨斯电网频率

(b) 得克萨斯电网到东部互联电网直流联络线功率

图 3-8　柔性直流输电系统参与电网二次调频控制的仿真结果

图 3-8 仿真结果包含了柔性直流输电系统参与电网调频控制的全过程，其中 40s 前的仿真结果与图 3-7 一致，不再重复介绍，重点关注柔性直流输电系统参与电网二次调频控制的运行工况。如图 3-8 所示，40s 前，得克萨斯

电网经过一次调频后稳定运行，其电网频率为59.90Hz，通过柔性直流输电系统由东部互联电网向得克萨斯电网输送的功率达到680MW。40s时，电网二次调频控制工作。由于柔性直流输电系统参与到电网二次调频控制，直流互联调频恢复控制作用，柔性直流输电系统上的功率开始增加，同时，得克萨斯电网频率开始上升。最终电网频率在68s时恢复至60Hz的额定频率，并稳定运行。通过柔性直流输电系统由东部互联电网向得克萨斯电网输送的功率由680MW上升至780MW。

如果柔性直流输电系统不参与电网二次调频控制，电网二次调频工作后，其电网频率增加，直至89s时稳定在60Hz的额定频率。由仿真结果可知，利用柔性直流输电系统参与到电网二次调频控制，可以提高电网恢复到额定运行频率的速度，使电网尽快达到额定运行频率，减少电网内设备非额定频率运行的时间，提升电网运行的经济效益[20]。

本章所介绍的一种直流互联频率支援及恢复策略控制可以实现事故时的紧急功率支援，减小交流电网事故后的频率变化量；事故后，该策略参与频率的恢复过程，协助电网快速进入安全频率内运行和恢复电网额定频率。本章所提出的控制策略与已有工作的不同之处在于提出的控制策略充分考虑了直流输电系统快速精确的频率响应能力，并利用所提出的频率校正控制保证电网在频率控制各个过程的安全稳定运行，使柔性直流输电系统完整地参与到电网的一次调频控制和二次调频控制，提高了电网运行的可靠性和经济性。

参 考 文 献

[1] 赵成勇, 孙营, 李广凯. 双馈入直流输电系统中 VSC-HVDC 的控制策略[J]. 中国电机工程学报, 2008, 28(7): 97-103.

[2] 徐政. 交直流电力系统动态行为分析[M]. 北京: 机械工业出版社, 2004.

[3] Rakhshani E, Mehrjerdi H, Remon D, et al. Frequency control of HVDC interconnected system considering derivative based inertia emulation[C]. 2016 IEEE Power and Energy Society General Meeting, Boston, 2016.

[4] Sato T, Umemura A, Takahashi R, et al. Frequency control of power system with large scale wind farm installed by using HVDC transmission system[C]. 2017 IEEE Manchester PowerTech, Manchester, 2017.

[5] Davies M, Kolz A, Kuhn M, et al. Latest control and protection innovations applied to the Basslink HVDC interconnector[C]. Proceedings of the 8th IEE International Conference on AC and DC Power Transmission, London, 2006.

[6] Mazzoldi F, Taisne J P, Martin C J B, et al. Adaptation of the control equipment to permit 3-terminal operation of the HVDC link between Sardinia, Corsica and Mainland Italy[J]. IEEE Transactions on Power Delivery, 1989, 4(2): 1269-1274.

[7] Chand J. Auxiliary power controls on the Nelson River HVDC scheme[J]. IEEE Transactions on Power Systems, 1992, 7(1): 398-402.

[8] 朱瑞可, 王渝红, 李兴源, 等. 用于 VSC-HVDC 互联系统的附加频率控制策略[J]. 电力系统自动化, 2014, 38(16): 81-87.

[9] 文劲宇, 陈霞, 姚美齐, 等. 适用于海上风场并网的混合多端直流输电技术研究[J]. 电力系统保护与控制, 2013, 41(2): 55-61.

[10] 李卫东, 晋萃萃, 温可瑞, 等. 大功率缺失下主动频率响应控制初探[J]. 电力系统自动化, 2018, 42(8): 22-30.

[11] van Hertem D, Ghandhari M. Multi-terminal VSC HVDC for the European supergrid: Obstacles[J]. Renewable and Sustainable Energy Reviews, 2010, 14(9): 3156-3163.

[12] Alaywan Z. The Tres Amigas superstation: Linking renewable energy and the nation's grid (July 2010)[C]. IEEE PES General Meeting, Providence, 2010.

[13] Gonzalez-Longatt F, Steliuk A, Hugo H M V, et al. Flexible automatic generation control system for embedded HVDC links[C]. 2015 IEEE Eindhoven PowerTech, Eindhoven, 2015.

[14] McNamara P, Milano F. Model predictive control-based AGC for Multi-terminal HVDC-connected AC grids[J]. IEEE Transactions on Power Systems, 2018, 33(1): 1036-1048.

[15] Rakhshani E, Remon D, Cantarellas A M, et al. Virtual synchronous power strategy for multiple HVDC interconnections of multi-area AGC power systems[J]. IEEE Transactions on Power Systems, 2017, 32(3): 1665-1677.

[16] Glavitsch H, Stoffel J. Automatic generation control[J]. International Journal of Electrical Power & Energy Systems, 1980, 2(1): 21-28.

[17] 中华人民共和国国家质量监督检验检疫总局, 中国国家标准化管理委员会. 电能质量 电力系统频率偏差: GB/T 15945—2008[S]. 北京: 中国标准出版社, 2008.

[18] Bettergrids. 北美电网简化模型[EB/OL]. (2018-06-25)[2020-03-11]. https://db.bettergrids.org/ bettergrids/handle/1001/414.

[19] Björklund P E, Srivastava K, Quaintance W. HVDC Light® modeling for dynamic performance analysis[C]. 2006 IEEE PES Power Systems Conference and Exposition, Atlanta, 2006.

[20] 孙凯祺, 李可军, Lakshmis S, 等. 基于直流互联的交流电网频率稳定控制研究[J]. 中国电机工程学报, 2020, 40(3): 723-731.

第4章 电力市场背景下柔性直流
输电系统功率优化分配

4.1 引　　言

　　由于柔性直流输电系统具有有功功率和无功功率独立控制的能力，因此，柔性直流输电系统可以通过灵活的控制策略实现快速的功率调节，从而快速改变系统潮流分布[1]。随着国内外电力市场改革不断推进，柔性直流输电系统的快速调节特性越来越吸引电力系统运营商和电力市场参与者。一方面，柔性直流输电系统互联了多个同步或异步电网，这使得每个电网自有的电力市场服务范围扩大，潜在附加服务类型增多。由于不同的电力市场具有不同的电力价格，对于通过柔性直流输电送出电力的发电商，其电力销售选择更多，能源输送控制能力更强。但同时，由于互联范围的扩大，参与市场竞争的发电商也更多。因此，无论是对于电力市场运营商、发电商还是输配电服务运营商，柔性直流输电系统的加入都将给他们带来更多的潜在运行收益和挑战。另一方面，随着系统内接入的新能源不断增多，电力系统的运行稳定性受到持续挑战。大多数新能源通过并网逆变器连入电网，导致电力系统惯量不断降低。当系统遭遇扰动后，系统频率将出现大范围偏移，严重影响电力系统的安全运行。为了提高系统运行稳定性，许多电力市场已经提出相应的奖励政策来激励具有快速潮流控制能力的设备更积极地参与到市场削峰填谷和调频调压服务中。柔性直流输电由于其出色的可控能力，可以实现对其相连的电网的快速频率调节，从而获得更多的收益。因此，柔性直流输电系统在电力市场运行中的附加价值吸引了研究人员和电力市场参与者的关注。

4.2　电力市场典型市场框架

　　本书以北欧 Nord Pool 市场为例，介绍典型的电力市场的市场框架[2,3]。在典型电力市场中，所有交易均根据每日结算时间表结算。市场由日前市场、日内市场和调节市场组成。在日前市场中，诸如风力发电商之类的电力生产商会提供第二天每小时的风电供应曲线[4]。当日前市场休市时，市场将汇总能源报价曲线，然后由市场确定每个生产者的小时区域边际价格 (locational marginal price，LMP) 和已结算的能源量。根据日前市场的结算，参与市场交易的每个生产商都将获得次日的 LMP 和第二天每小时清算的能源量。最终在实际生产中，通过短期预测，生产商提供的每小时实际电量基本上是准确的，但仍然可能存在不同。日内市场的目的是为市场参与者提供一个交易平台，以调节由生产商预测偏差或者临时设备故障导致的出力偏差[5]。日内市场是在生产者实际发电量之前的几分钟内完成的。盘中 LMP 根据价格高低匹配方法确定[6]。调节市场旨在维护系统的实时平衡。在调节市场开放之前，调频资源商提供其调频资源的储备量和系统不平衡功率调节价格。在实时生产 45min 之前，调频资源商提供的价格可以随时更改。电力系统运营商将根据调频资源商提供的价格对其预测的拟需求调频容量进行排序，最后获得由高到低的调频资源订单，如图 4-1 所示[7]。

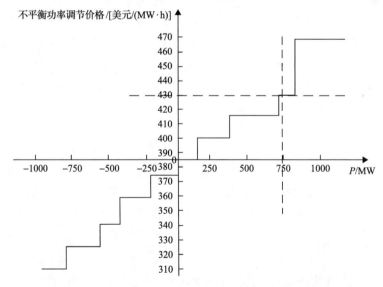

图 4-1　基于价格高低匹配方法建立的调频市场调频资源订单

　　在系统实际运行中，电力系统运营商作为调频资源的唯一购买者，将依据调频资源订单，根据最小总成本原则获取所需的调频容量对系统运行进行调节。而电力系统运营商为了维持系统的实时平衡向调频资源商支付的调频费用，将由每个参与市场交易的生产商按照其计划供应电量和实际输出的偏差以调节价格支付。

4.3　考虑电力市场价格的用于海上风电并网的柔性直流输电系统功率优化分配

海上风电场的出力具有随机性和间歇性，使得风电并网存在诸多困难。当风力发电商进入电力市场时，根据市场规则，如果实际产量与预测产量不同，则风力发电商需要向电力市场支付费用。因此，风力预测值与实际功率输出之间的偏差（即风电输出偏差）可能会减少风力发电商的财务收入。为了提高风力发电商在电力市场中的财务收入，直接的措施是减轻风电输出偏差。降低风电输出偏差最有效的方法之一是提高预测准确性，但由于无法达到100%的准确预测，发电和负荷之间的瞬时平衡仍然难以保证。另外，储能被认为是减轻风电输出偏差的实用解决方案。然而，部分储能技术对自然资源具有严重的依赖性（如抽水蓄能），或者需要昂贵的建设投资（如电池储能）。柔性直流输电技术被认为是可再生能源发电并网整合的关键解决方案之一。根据所采用的直流拓扑形式，用于可再生能源发电并网的柔性直流输电系统可以分为两端柔性直流输电系统和多端柔性直流输电系统两类。两端柔性直流输电系统主要应用于大规模海上风电送出或风、光、储所构成的弱电网内能源集中送出场景。由于可再生能源的分布不可避免地依赖于能源分布，近年来利用多端柔性直流输电技术汇集大规模分布式可再生能源得到了更多的关注。汇集海上风电场的多端柔性直流输电系统可以控制每个内部换流站的功率输出，通过适当的控制策略，可以将所汇集的海上风电场的输出偏差优化分配到交流系统。由于需求不同和市场价格不同，通过合适的控制，输出偏差可以传递到负载偏差与输出偏差完全互补的交流系统中，也可以传递到不平衡功率调节价格较低的交流系统中。与其他技术相比，使用多端柔性直流输电系统优化风电输出偏差的分布不受天气等非电气因素的影响。此外，由于优化功能可以通过编程配置到现有的 VSC 控制器中，因此并不需要额外增加更多的设备投资，可以给风力发电商带来一定的经济利益。

因此，本章以用于海上风电并网的柔性直流输电系统功率优化分配为例，介绍电力市场背景下柔性直流输电系统如何实现功率优化分配。本章介绍了一种用于海上风电汇集的柔性直流输电系统功率优化分配方法，以减少由于风电输出偏差而造成的经济损失。所提出的方法可以分为两个优化过程：优化过程一是根据系统历史运行数据分析柔性直流输电系统所连接的外部交流电网，并通过层次分析法调整下垂系数；优化过程二是在系统不平衡功率调节价格的基础上进一步地调整下垂系数。通过优化的下垂系数，用于海上风电汇集的柔性直流输电系统可以优化风电输出偏差的分布，从而提高风力发电商的财务收入。案例研究证明了所提出的优化分配方法可以为风力发电企业带来更多的收益。

4.3.1　用于海上风电汇集的柔性直流输电系统基本架构

图 4-2 为用于海上风电汇集的柔性直流输电系统典型配置，其中 DFIG（doubly fed induction generator）为双馈式感应发电机，OWF（offshore wind farm）为海上风电场。

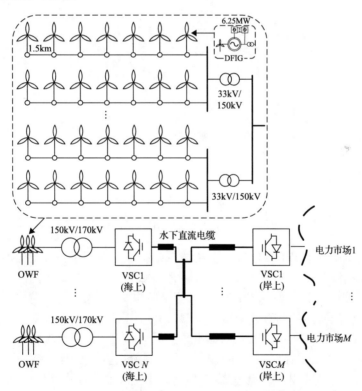

图 4-2　用于海上风电汇集的柔性直流输电系统典型配置

如图 4-2 所示，风机的放置距离为 1.5km，每个风机通过馈线相连，汇集后通过变压器升压，然后连接到风电场侧换流站，再经过柔性直流输电系统与陆上多个外部交流电网互联。

4.3.2　用于海上风电汇集的柔性直流输电系统基本控制

用于海上风电汇集的柔性直流输电系统的控制分为岸上换流站控制和风电场侧换流站控制两类。

由于风电场出力的随机性和间歇性，连接风电场的换流站的有功控制通常采用定频率控制，无功控制采用定交流电压控制，从而为风电场内交流电网频率和交流电压提供参考。图 4-3 为风电场侧换流站的有功控制和无功控制的基本控制回路。f 为电网频率，f_{ref} 为频率参考值，$i_{d\text{-}ref}$ 为 d 轴电流参考值，i_d 为 d 轴电流，U_{ac} 为交流电网电压幅值，U_{acref} 为交流电网电压参考值，$i_{q\text{-}ref}$ 为 q 轴电流参考值，i_q 为 q 轴电流。

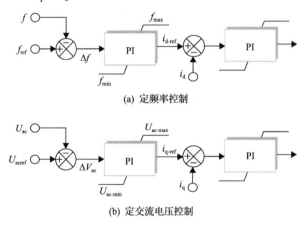

(a) 定频率控制

(b) 定交流电压控制

图 4-3　风电场侧换流站控制示意图

在用于海上风电汇集的柔性直流输电系统中，为避免一个变换器中断导致柔性直流输电系统失去电压控制，其岸上换流站的有功控制采用直流电压-有功功率下垂控制。通过为所有岸上换流站配置直流电压-有功功率下垂控制，所有岸上变换器均承担直流电压的控制，并可以通过斜率设置实现功率自动分配。此外，在直流电压-有功功率下垂控制基础上，岸上换流站中还配置了频率-直流电压下垂控制，在所连接的交流系统发生干扰时，具备响应频率提供功率支持的能力。直流电压-有功功率下垂控制和频率-直流电压下垂控制可表示为

$$U_{dc} = U_{dcref} + k_p(P_{ref} - P) - k_f(f_{ref} - f) \tag{4-1}$$

其中，k_p 和 k_f 分别为直流电压-有功功率下垂控制的下垂系数和频率-直流电压下垂控制的下垂系数；U_{dc} 为直流电压；U_{dcref} 为直流电压参考值；P_{ref} 为有功功率参考值；P 为有功率。

　　配置直流电压-有功功率下垂控制和频率-直流电压下垂控制的岸上换流站的有功控制基本回路如图 4-4 所示，$i_{d\text{-}p}$ 为有功下垂产生的 d 轴电流分量，$i_{d\text{-}f}$ 为频率下垂产生的 d 轴电流分量。

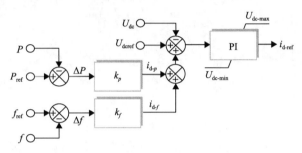

图 4-4　岸上换流站有功控制示意图

4.4　考虑电力市场因素的柔性直流输电系统不平衡功率最优分配方法

　　在大多数情况下，风能预测结果并非 100%准确，因此风电场的实际风能输出与预测结果之间会存在偏差。根据市场规则，由于风电输出偏差，风力发电商将需要以调节价向市场付款以平衡由其导致的实时不平衡。风力发电商的总收入 E 可以表示为

$$E = P_{ahead} \times LMP_{ahead} - P_{intraday} \times LMP_{intraday} - \Delta P \times LMP_{realtime}$$
$$\Delta P = \Delta P_w - \Delta L \qquad\qquad (4\text{-}2)$$
$$P = P_{ahead} + P_{intraday} + \Delta P_w$$

其中，P 为实际风电出力；P_{ahead} 为参与到日前市场的容量；$P_{intraday}$ 为参与到日内市场的容量；ΔP_w 为风电输出偏差；ΔL 为负荷偏差；ΔP 为需要调节的不平衡功率；LMP_{ahead} 为日前市场边际价格；$LMP_{intraday}$ 为日内市场边际价格；$LMP_{realtime}$ 为实时市场价格。

　　随着海上直流输电的发展，风力发电商可能不仅将其风力发电输出提供给一个电力市场。如果这些风力发电商参与了 N 个电力市场，那么风力发电

商的总收入 E 可以表示为

$$E = \sum_{i=1}^{N} P_i^{\text{ahead}} \times \text{LMP}_i^{\text{ahead}} - P_i^{\text{intraday}} \times \text{LMP}_i^{\text{intraday}} - \Delta P_i \times \text{LMP}_i^{\text{regulating}}$$

$$\Delta P_i = \Delta P_{\text{w-}i} - \Delta L_i$$

$$P_{\text{total}} = \sum_{i=1}^{N} P_i = \sum_{i=1}^{N} (P_i^{\text{ahead}} + P_i^{\text{intraday}} + \Delta P_i)$$

$$(4\text{-}3)$$

其中, P_{total} 为实际风力输出; P_i 为向第 i 个市场提供的实际功率; P_i^{ahead} 为参与第 i 个市场的日前市场的能源量; P_i^{intraday} 为参与第 i 个市场的日内市场的能源量; $\Delta P_{\text{w-}i}$ 为风电输入到第 i 个市场的输出偏差; ΔL_i 为第 i 个市场中的负载偏差; ΔP_i 为第 i 个市场中需要调节的不平衡功率; $\text{LMP}_i^{\text{ahead}}$ 为第 i 个市场的日前市场边际价格; $\text{LMP}_i^{\text{intraday}}$ 为第 i 个市场的日内市场边际价格; $\text{LMP}_i^{\text{regulating}}$ 为第 i 个市场的不平衡功率调节价格。

　　根据式(4-3), 很明显, 减少由市场上的风电输出偏差引起的不平衡功率, 或者向拥有最低调节价格的市场输出更多的风电输出偏差, 可以减少风力发电商由于实际出力与预测出力偏差而导致的经济损失。当风电输出偏差发生时, 对于风力发电商, 较好的运行策略是将风电输出偏差输送到存在预测负荷和实际负荷偏差的市场。在这种情况下, 最理想的状态是风电输出偏差可以与负荷偏差互补, 则风力发电商无须支付调节费, 因为在市场上不存在由风能偏差引起的不平衡事件。如果风电输出偏差不能与负荷偏差互补, 那么第二种选择是向具有较低调节价格的市场输出更多的风电输出偏差, 以最大限度地减少风力发电商的经济损失。

　　通过优化互联海上风电的柔性直流输电系统中岸上换流站的频率-直流电压下垂系数可以实现这两个目标。在用于海上风电汇集的柔性直流输电系统中, 风电输出的分配取决于直流电压-有功功率下垂系数和频率-直流电压下垂系数。直流电压-有功功率下垂系数和频率-直流电压下垂系数可以在岸上换流站的控制器中进行设置。传统的换流站下垂系数是根据换流站的额定功率以及系统实际运行情况确定的。传统的换流站下垂系数在柔性直流输电系统运行时可以防止由扰动造成的系统中断, 但该系数的设置对于风力发电商而言可能并不经济。因此, 为了在不增加额外投资的情况下提高风力发电企业的财务收入, 本节提出了一种用于海上风电汇集的多端柔性直流输电系统中岸上换流站频率-直流电压下垂系数的最优分配方法。

最优分配方法的目标是优化频率-直流电压下垂系数，其可分为两个优化过程。第一优化过程是基于历史数据，在换流站安全运行范围内对过去经常发生不平衡功率事件的电力市场内部岸上换流站的频率-直流电压下垂系数进行优化；第二优化过程是在日内市场实时运行中，根据实时市场中的调节后市场价格进一步优化频率-直流电压下垂系数。

第一优化过程的第一步是通过历史调节数据分析对柔性直流输电系统的岸上换流站进行分类。历史调节数据分析基于与交流系统调节有关的一些关键指标进行，这些关键指标包括单一不平衡事件中的负荷偏差量、辅助频率服务的参与频率、单一不平衡事件中的调节功率需求量以及电力市场调节容量储备等。

为了比较不同市场之间的差异，根据分类的历史调节数据，采用层次分析法对岸上换流站的频率-直流电压下垂系数进行权重计算[8,9]。图 4-5 为用于计算频率-直流电压下垂系数权重的层次分析模型。

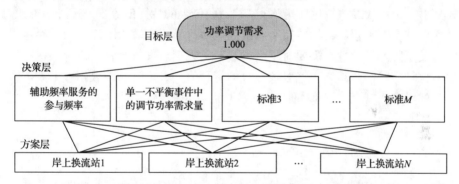

图 4-5　用于计算频率-直流电压下垂系数权重的层次分析模型

如图 4-5 所示，利用决策层 M 个标准构造的成对比较矩阵 A 可以表示为

$$A = \begin{pmatrix} 1 & a_{12} & \cdots & a_{1M} \\ \dfrac{1}{a_{12}} & 1 & \cdots & a_{2M} \\ \vdots & \vdots & & \vdots \\ \dfrac{1}{a_{1M}} & \dfrac{1}{a_{2M}} & \cdots & 1 \end{pmatrix} \tag{4-4}$$

其中，a_{ij} 为两个标准或目标之间的相对重要性，在层次分析法中，用从 1 到

9 的数字来衡量。

然后，对矩阵 A 进行归一化处理，导出归一化的成对比较矩阵 A_{norm}，归一化的矩阵 A_{norm} 可以表示为

$$\bar{a}_{ij} = \frac{a_{ij}}{\sum\limits_{k=1}^{M} a_{kj}} \tag{4-5}$$

权重是从 A_{norm} 得出的最大特征值 $\lambda_{\max}$ 的特征向量。权重 w（一个 M 维列向量）可以表示为

$$w_i = \frac{\sum\limits_{k=1}^{M} \bar{a}_{ik}}{\sum\limits_{i=1}^{M} \sum\limits_{k=1}^{M} \bar{a}_{ik}} \tag{4-6}$$

对完全一致的成对比较矩阵，其绝对值最大的特征值等于该矩阵的维数。然而，在实际工程中，构成完全一致的成对比较矩阵较为困难。为了确定成对比较矩阵的一致性，需要对生成的成对比较矩阵进行检验。符合一致性的成对比较矩阵的要求为：绝对值最大的特征值和该矩阵的维数相差不大。归一化的成对比较矩阵 A_{norm} 的一致性检验可以表示为

$$CR = \frac{CI}{RI} = \frac{\dfrac{\lambda_{\max} - M}{M - 1}}{RI} \tag{4-7}$$

其中，CR 为随机一致性比率；RI 为随机一致性指标；CI 为一致性指标。

如果 CR $\leqslant$ 0.1，则认为归一化的成对比较矩阵 A_{norm} 通过一致性检验，具有满意的一致性，或其不一致程度是可以接受的，即所计算的权重可以用来调整频率-直流电压下垂系数；若 CR $>$ 0.1，则需要对归一化的成对比较矩阵 A_{norm} 进行调整，直到达到满意的一致性为止。

在考虑了所有标准进行了权重计算后，获得的权重矩阵 W 可以表示为

$$W = \begin{pmatrix} w_{11} & w_{12} & \cdots & w_{1M} \\ w_{21} & w_{22} & \cdots & w_{2M} \\ \vdots & \vdots & & \vdots \\ w_{M1} & w_{M2} & \cdots & w_{MM} \end{pmatrix}^{\text{T}} \tag{4-8}$$

两个标准的比较矩阵 B 可以表示为

$$B=(c_1 \quad c_2 \quad \cdots \quad c_M)^{\mathrm{T}} \tag{4-9}$$

则通过第一个优化过程重新调整的频率-直流电压下垂系数矩阵 $K_{f\text{-op}}$（op 表示优化的指标）可以表示为

$$
K_{f\text{-op}}=\begin{pmatrix} k_{f\text{-op}1} \\ k_{f\text{-op}2} \\ \vdots \\ k_{f\text{-op}N} \end{pmatrix}^{\mathrm{T}}=\sum_{i=1}^{N} k_{fi} B W^{\mathrm{T}}
$$

$$
=\sum_{i=1}^{N} k_{fi} \begin{pmatrix} c_1 \\ c_2 \\ \vdots \\ c_M \end{pmatrix}\begin{pmatrix} w_{11} & w_{12} & \cdots & w_{1N} \\ w_{21} & w_{22} & \cdots & w_{2N} \\ \vdots & \vdots & & \vdots \\ w_{M1} & w_{M2} & \cdots & w_{MN} \end{pmatrix} \tag{4-10}
$$

$$k_{fi}^{\min} \leqslant k_{f\text{-op}i} \leqslant k_{fi}^{\max}$$

其中，$k_{f\text{-op}i}$、$k_{fi}^{\min}$ 和 $k_{fi}^{\max}$ 分别为第 i 个岸上换流站的重新调整后的频率-直流电压下垂系数、第 i 个岸上换流站的频率-直流电压下垂系数的最小限制和第 i 个岸上换流站的频率-直流电压下垂系数的最大限制；N 为岸上换流站数量。

第二优化过程是在系统实施运行之前，根据市场的不平衡功率调节价格进一步调整频率-直流电压下垂系数。

一个市场内部通常不止有一个柔性直流输电系统的岸上换流站。市场价格矩阵 MK 是根据调频市场调频资源订单和经过第一优化过程优化的矩阵 $K_{f\text{-op}}$ 的行数建立的。假设柔性直流输电系统有 N 个岸上换流站，连接着 L 个市场，则矩阵 MK 可表示为

$$\mathrm{MK}=(p_{\text{r-mk}1} \quad p_{\text{r-mk}2} \quad \cdots \quad p_{\text{r-mk}L}) \tag{4-11}$$

其中，$p_{\text{r-mk}i}$ 为第 i 个市场的调频资源订单中的价格。

为了与矩阵 MK 建立一一对应关系，矩阵 $K_{f\text{-op}}$ 被重新排序。新排序的矩阵 $\mathrm{Kr}_{f\text{-op}}$ 可以表示为

$$\mathrm{Kr}_{f\text{-op}}=(k_{f\text{-op}1}^{\mathrm{MK}1} \quad k_{f\text{-op}2}^{\mathrm{MK}1} \quad \cdots \quad k_{f\text{-op}N}^{\mathrm{MK}L}) \tag{4-12}$$

则最终优化的频率-直流电压下垂系数矩阵 K_{opf} 可以表示为

$$K_{opf} = \frac{\sum\limits_{i=1}^{L} p_{r\text{-}mki}}{MK \cdot L} Kr_{f\text{-op}} = \frac{\sum\limits_{i=1}^{L} p_{r\text{-}mki}}{\left(p_{r\text{-}mk1} \quad p_{r\text{-}mk2} \quad \cdots \quad p_{r\text{-}mkL} \right) \cdot L} \begin{pmatrix} k_{f\text{-op1}}^{MK1} \\ k_{f\text{-op2}}^{MK1} \\ \vdots \\ k_{f\text{-op}N}^{MKL} \end{pmatrix}^{T}$$

$$k_{fi}^{min} \leqslant k_{f\text{-op}i}^{MKi} \leqslant k_{fi}^{max}$$

$$(4\text{-}13)$$

最优分配方法的流程图如图 4-6 所示。首先，最优分配方法的第一优化过程在离线状态下进行计算。为了保持权重计算的准确性，最优分配方法将每天基于历史调节数据使用第一优化过程对频率-直流电压下垂系数进行调整，并定期更新历史数据库。最优分配方法的第二优化过程进行在线计算。第二优化过程根据调节市场的不平衡功率调节价格变化，以小时为单位，对频率-直流电压下垂系数进行进一步调整，使得频率-直流电压下垂系数在系统实际运行前处于最优分配状态。

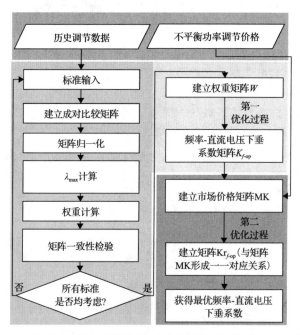

图 4-6 用于计算频率-直流电压下垂系数的最优分配方法流程图

此外，针对不同的市场规则，最优分配方法具有不同的优化策略。对于可以在实时运行前即可获得不平衡功率调节价格的电力市场，第一优化过程和第二优化过程都可以用来优化风电输出偏差的分布。对于无法在实时运行前获得不平衡功率调节价格的电力市场，第二优化过程将无法应用。但第一优化过程不受影响，通过第一优化过程来优化频率-直流电压下垂系数，仍具有提高风力发电商的财务收入的作用。

另外，当柔性直流输电系统出现实时通信中断时，岸上换流站将保持当前已优化的频率-直流电压下垂系数，从而尽最大可能地对风电输出偏差进行优化分配，以降低风力发电商因实时风电输出偏差带来的财务损失。

4.5 算 例 分 析

本节以图 4-7 所示的用于海上风电汇集的四端柔性直流输电系统为例，评估所提出的最优分配方法为风力发电商带来的财务收益。

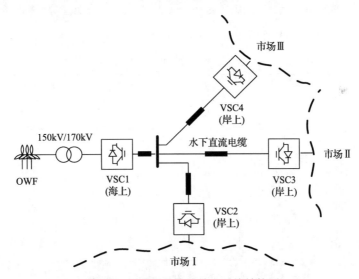

图 4-7 四端柔性直流输电系统结构图

如图 4-7 所示，四端柔性直流输电系统将三个异步交流系统和一个离岸海上风电场互联，其中每个交流系统都有独立的电力市场。离岸海上风电场是一个由 100 个 5MW 独立风机组成的 500MW 海上风电场。在四端柔性直流输电系统中，VSC1 是一个海上换流站，在定频率/定交流电压控制模式下运行。VSC2～VSC4 是岸上换流站，在直流电压-有功功率下垂控制以及频率-直流电压下垂控制模式下工作。表 4-1 列出了 VSC2～VSC4 的初始直流电压-有功功率下垂系数和初始频率-直流电压下垂系数。

表 4-1　VSC2～VSC4 换流站初始下垂系数

岸上换流站	VSC2	VSC3	VSC4
初始直流电压-有功功率下垂系数	8.5	16.5	13.0
初始频率-直流电压下垂系数	18	15	9

在本节的算例分析中，采用单一不平衡事件中的负荷偏差量、单一不平衡事件中的调节功率需求量以及电力市场调节容量储备作为第一优化过程中求取权重的关键指标。这些关键指标来自三个电力市场的历史调节数据。为了较为容易地比较这三个电力市场中历史调节情况的差异，表 4-2 中展示了指标之间的两两相对重要性。

表 4-2　关键指标两两相对重要性

关键指标	关键指标		
	单一不平衡事件中的负荷偏差量	单一不平衡事件中的调节功率需求量	电力市场调节容量储备
单一不平衡事件中的负荷偏差量	1	5	3
单一不平衡事件中的调节功率需求量	0.20	1	0.33
电力市场调节容量储备	0.33	3	1

表 4-3 列出了三个电力市场中关键指标的相对重要性。

图 4-8 显示了三个电力市场的不平衡功率调节价格走势图。该不平衡功率调节价格曲线来源于三个实际电力市场 2018 年 1 月 10 日的数据[10]。该数据基本代表了典型的调节市场中不平衡功率调节价格每小时的波动情况。

表 4-3　三个电力市场的关键指标两两相对重要性

关键指标	市场	市场		
		市场 I	市场 II	市场 III
单一不平衡事件中的负荷偏差量	市场 I	1	6	8
	市场 II	0.167	1	4
	市场 III	0.125	0.25	1
单一不平衡事件中的调节功率需求量	市场 I	1	0.5	0.5
	市场 II	2	1	1
	市场 III	2	1	1
电力市场调节容量储备	市场 I	1	0.143	0.2
	市场 II	7	1	3
	市场 III	5	0.33	1

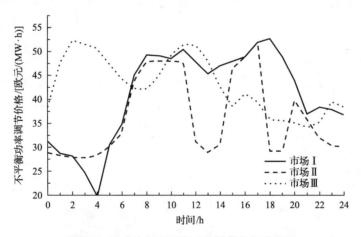

图 4-8　电力市场不平衡功率调节价格走势图

4.5.1　最优分配方法的优化过程

本节基于来自三个电力市场的历史调节数据，根据在图 4-9 中建立的层次分析模型对频率-直流电压下垂系数进行权重计算[11]。

在不同的最大特征值和随机一致性比率 CR 下，基于图 4-9 建立的层次分析模型计算的不同关键指标的权重向量如表 4-4～表 4-7 所示。

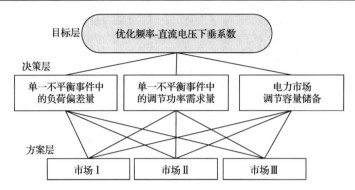

图 4-9　基于三个电力市场的历史调节数据建立的层次分析模型

表 4-4　关键指标的成对比较矩阵(λ_{max}=3.033, CR=0.028)

关键指标	关键指标			权重向量
	单一不平衡事件中的负荷偏差量	单一不平衡事件中的调节功率需求量	电力市场调节容量储备	
单一不平衡事件中的负荷偏差量	1	5	3	0.634
单一不平衡事件中的调节功率需求量	0.2	1	0.33	0.106
电力市场调节容量储备	0.33	3	1	0.260

表 4-5　以单一不平衡事件中的负荷偏差量为关键指标建立的市场成对比较矩阵
(λ_{max}=3.136, CR=0.117)

市场	市场			权重向量
	市场 I	市场 II	市场 III	
市场 I	1	6	8	0.739
市场 II	0.167	1	4	0.192
市场 III	0.125	0.25	1	0.069

表 4-6　以单一不平衡事件中的调节功率需求量为关键指标建立的市场成对比较矩阵
(λ_{max}=3.000, CR=0.000)

市场	市场			权重向量
	市场 I	市场 II	市场 III	
市场 I	1	0.5	0.5	0.200
市场 II	2	1	1	0.400
市场 III	2	1	1	0.400

表 4-7　以电力市场调节容量储备为关键指标建立的市场成对比较矩阵
(λ_{max}=3.062, CR=0.053)

市场	市场			权重向量
	市场 I	市场 II	市场 III	
市场 I	1	0.143	0.2	0.074
市场 II	7	1	3	0.644
市场 III	5	0.33	1	0.282

如表 4-4~表 4-7 所示，所有 CR 均小于 0.1，这意味着通过层次分析模型建立的成对比较矩阵通过了一致性检验，利用该成对比较矩阵计算的权重可以用来调整频率-直流电压下垂系数。表 4-8 中显示了具有权重的成对比较矩阵。

表 4-8　考虑权重的基于电力市场历史调节数据和关键指标建立的成对比较矩阵

市场	单一不平衡事件中的负荷偏差量(0.634)	单一不平衡事件中的调节功率需求量(0.106)	电力市场调节容量储备(0.260)	权重向量
市场 I	0.739	0.200	0.074	0.509
市场 II	0.192	0.400	0.644	0.332
市场 III	0.069	0.400	0.282	0.159

则第一优化过程重新调整前后的频率-直流电压下垂系数如表 4-9 所示。

表 4-9　第一优化过程重新调整前后的频率-直流电压下垂系数

市场	初始频率-直流电压下垂系数	优化后的频率-直流电压下垂系数
市场 I	16	21.376
市场 II	9	13.926
市场 III	12	6.698

在利用层次分析法对频率-直流电压下垂系数进行优化之后，第二优化过程将根据系统实施运行前的调节市场的不平衡功率调节价格变化，对第一优化过程中得到的优化后的频率-直流电压下垂系数做进一步调整。最终，采用最优分配方法优化得到的频率-直流电压下垂系数如图 4-10 所示。

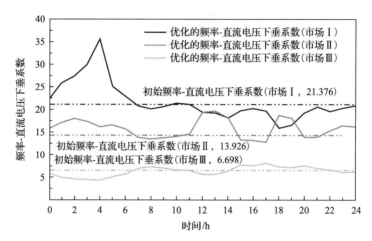

图 4-10　采用最优分配方法优化的频率-直流电压下垂系数

4.5.2　传统分配方法和最优分配方法财务损失对比

图 4-11 显示了根据 2018 年 1 月 10 日的实际风速数据和天气预报数据得出的海上风电场实际功率输出以及风电场预测功率输出。图 4-12 显示了 2018 年 1 月 10 日的三个电力市场内部的负荷偏差情况。传统分配方法和最优分配方法在出现风电输出偏差情况下的财务损失对比如图 4-13 所示。

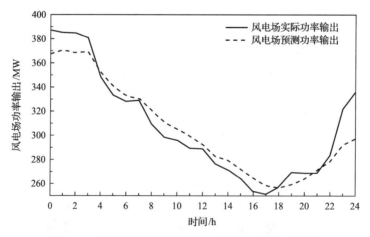

图 4-11　风电场预测功率输出和实际功率输出对比图

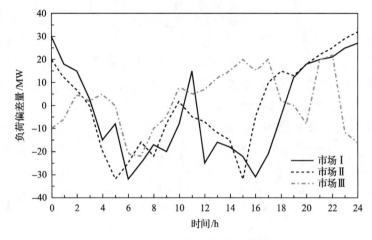

图 4-12　三个电力市场内部的负荷偏差图

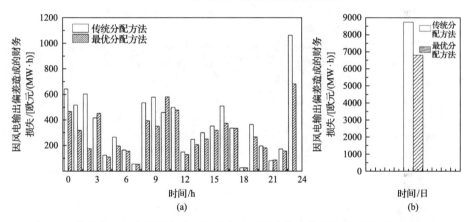

图 4-13　传统分配方法和最优分配方法在出现风电输出偏差情况下的财务损失对比

　　如图 4-13 所示，通过利用本章所提出的最优分配方法优化岸上换流站的频率-直流电压下垂系数，可以在一天的运行中减少大约 22%的财务损失。研究结果表明，所提出的最优分配方法可以在出现风电输出偏差的情况下，减少风力发电商的财务损失，给风力发电企业带来更多的收益。

　　本章针对电力市场背景下的柔性直流输电系统，考虑海上风电汇集典型应用场景，介绍了一种优化频率-直流电压下垂系数的不平衡功率最优分配方法。该方法可以在风电出现输出偏差的情况下，减少风力发电商支付不平衡功率调节费用带来的损失。该方法基于已有的岸上换流站下垂控制，因此无须额外的设备投资。本章所提出的最优分配方法分为两个优化过程。根据历史系统运行数据，第一优化过程分析柔性直流输电系统所连接的外部交流电网，并通过层次分析法调整下垂系数。该方法的第二优化过程是在系统不平衡功率调节价格的基础上进行进一步的下垂系数调整。通过算例分析研究结果可以看出，采用本章所提出的不平衡功率最优分配方法，在相同风电输出偏差下，风力发电商的财务损失减少大约 22%，证明了本章提出的方法可以为风力发电商带来更多的财务收益。

参 考 文 献

[1] Pinson P, Mitridati L, Ordoudis C, et al. Towards fully renewable energy systems: Experience and trends in Denmark[J]. CSEE Journal of Power and Energy Systems, 2017, 3(1): 26-35.

[2] Nord Pool. Settlement[EB/OL]. (2017-12-05)[2018-05-21]. https://www.nordpoolgroup.com/trading/ Clearing/Settlement.

[3] Bao M, Ding Y, Shao C Z. Review of nordic electricity market and its suggestions for China[J]. Proceedings of the CSEE, 2017, 37(17): 4881-4892.

[4] Liu W, Wu Q, Wen F, et al. Day-ahead congestion management in distribution systems through household demand response and distribution congestion prices[J]. IEEE Transactions on Smart Grid, 2014, 5(6): 2739-2747.

[5] Dai T, Qiao W. Finding equilibria in the pool-based electricity market with strategic wind power producers and network constraints [J]. IEEE Transactions on Power Systems, 2016, 32(1): 389-399.

[6] Swider D J, Weber C. An electricity market model to estimate the marginal value of wind in an adapting system[C]. 2006 IEEE Power Engineering Society General Meeting, Montreal, 2006.

[7] Dai T, Qiao W. Optimal bidding strategy of a strategic wind power producer in the short-term market[J]. IEEE Transactions on Sustainable Energy, 2015, 6(3): 707-719.

[8] Saaty T L. Analytic Hierarchy Process[M]. Hoboken: John Wiley & Sons Inc., 2013.

[9] Al-Harbi K M A S. Application of the AHP in project management[J]. International Journal of Project Management, 2001, 19(1): 19-27.

[10] Nord Pool. Rules and regulations [EB/OL]. (2017-12-05)[2018-05-21]. https://www.nordpoolgroup.com/ trading/Rules-and-regulations.

[11] Sun K, Li K J, Lee W J, et al. VSC-MTDC system integrating offshore wind farms based optimal distribution method for financial improvement on wind producers[J]. IEEE Transactions on Industry Applications, 2019, 55(3): 2232-2240.

第5章 用于互联风光储互补的柔性直流输电系统

5.1 引 言

在过去十年风力发电持续增长的同时，光伏等可再生能源装机也呈现稳步增长的趋势[1]。我国作为全球可再生能源发电的倡导者和引领者，在陆上风电和光伏发电装机容量方面处于世界领先地位。相比于传统的发电方式，以风电、光伏为代表的可再生能源具有间歇性和波动性等特点，其大规模并网带来电压波动、电压闪变以及谐波等问题，加大了电能质量以及系统安全稳定性降低等风险。为提高可再生能源的并网效率，减少弃风、弃光现象的发生，亟待提升可再生能源发电出力的确定性和可控性[2]。

目前，提高可再生能源出力预测的精度是最直接的措施[3]。从预测技术的发展趋势来看，以数据积累为基础带来的精度提升效果日渐式微，预测精度短期内难以大幅度提高。储能作为一种可调度的资源，在解决可再生能源出力波动性和不确定性问题方面得到广泛关注[4]。相比于其他的储能技术，抽水蓄能具有容量大、单位容量价格低等特点。在目前已建设的大规模储能工程中，抽水储能处于主导地位。随着电力电子技术的发展，配备变频调速功能机组的抽水蓄能电站具备了短时间快速变化运行状态的能力，使抽水储能电站参与到快速功率调节成为可能[5]。

柔性直流输电技术在大规模可再生能源接入并网方面具有独特的优势[6]。通过多端柔性直流连接风光储系统可以在并网前抑制可再生能源出力波动，以期解决我国大规模可再生能源的消纳问题[7-9]。在我国，国家电网公司在张北地区正在建设一个四端柔性直流输电示范项目，该项目将通过更加清洁的能源，包括风能、太阳能和抽水蓄能水电，确保向北京地区供电[10]。该示范项目是世界上第一个真正具有网络特性的高压直流电网项目。通过将各种互补的可再生能源和抽水蓄能与多端柔性直流输电系统互联，可以有效地缓解可再生能源输出的波动。

由于需要协调不同类型的可再生能源，因此连接多类型可再生能源的柔性直流输电系统的优化控制需要进一步研究。本章针对互联风光储的柔性直流输电系统,介绍一种适用于柔性直流输电互联抽水蓄能电站和可再生能源发电系统的协同运行策略。该策略通过直流电压控制抽水蓄能电站,利用直流电压波动调整抽水蓄能电站的运行速率和发电抽水总量。在可再生能源发电系统利用直流输电系统并网之前,降低可再生能源出力波动。

5.2　多类型可再生能源汇集的柔性直流输电系统拓扑

5.2.1　互联多类型可再生能源汇集的柔性直流输电系统模型

　　本章介绍一个用于多类型可再生能源汇集的四端柔性直流输电系统,如图 5-1 所示。其中基于电压源换流器的换流站 VSC1、VSC2 和 VSC3 分别连接大型风电场、配置变频调速机组的抽水蓄能电站以及交流电网,DC-DC 变换器连接大型光伏发电站。该柔性直流输电系统旨在将大型风电场和光伏电站所发出的电能汇集并传输到交流电网中,实现大规模可再生能源的汇集、输送和消纳。

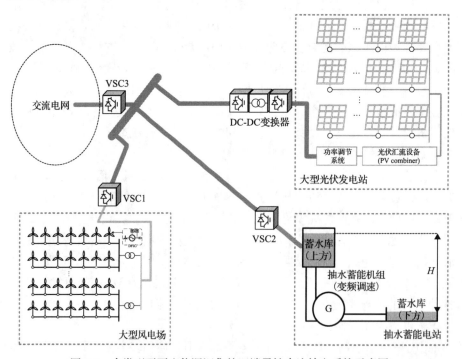

图 5-1　多类型可再生能源汇集的四端柔性直流输电系统示意图

H 为上下水库水位差

连接大型风电场的换流站 VSC1 通常运行在定交流电压模式，以控制风电场交流电压。连接抽水蓄能电站的换流站 VSC2 一般运行在定交流电压模式，为抽水蓄能电站的运行提供交流电压参考。连接交流电网的换流站 VSC3 运行在裕度下垂模式。当换流站运行功率在裕度范围内时，换流站 VSC3 运行在直流电压模式，为柔性直流输电系统提供直流电压参考；当运行功率超过裕度范围时，换流站 VSC3 将运行于下垂控制模式，通过预先设定的直流电压-功率特性曲线调节直流电压和功率。连接大型光伏发电站的 DC-DC 变换器采用基于 MMC 的两端口 DC-DC 变换器。该变换器由两个 MMC-VSC（DC-AC 变换器，AC-DC 变换器）和隔离变压器构成。其中，DC-AC 变换器运行在定交流电压模式，以保持 DC-DC 变换器内部的交流电压稳定，AC-DC 变换器运行在定直流电压模式，以保持大型光伏电站内部直流电压稳定。

5.2.2 抽水蓄能电站模型

本章以抽水蓄能电站为例，介绍储能系统的运作方式[11]。典型的抽水蓄能电站运行方式为：当系统内发电机发出的有功功率大于系统内负荷需求时，抽水蓄能机组根据调度指令或系统频率变化情况，将下方蓄水库内的水抽取到上方蓄水库；当系统内发电机发出的有功功率小于系统内负荷需求时，抽水蓄能机组释放上方蓄水库内储存的水，利用势能差进行发电。其可以归结为 3 个运行状态和 6 种运行模式，如图 5-2 所示。

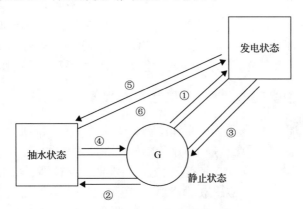

图 5-2 抽水蓄能电站典型运行状态及运行模式

抽水蓄能电站运行状态为静止状态、抽水状态和发电状态。运行模式为：①静止至发电模式；②静止至抽水模式；③发电至静止模式；④抽水至静止模式；⑤发电至抽水模式；⑥抽水至发电模式。其中，运行模式①～④属于正常运行模式，⑤和⑥属于紧急运行模式，只有当抽水蓄能电站需要快速参与到系统严重故障处置时才启用。抽水蓄能电站的上、下蓄水库均设有最大最小蓄水容量限制，任何运行模式都必须在容量限制范围内运行。

5.3　基于柔直互联的抽水蓄能与可再生能源发电系统运行策略

传统的抽水蓄能电站通常直连交流电网，其运行状态和运行模式的调整主要依据交流电网的削峰填谷需求进行。部分抽水蓄能电站为了响应系统负荷功率波动，在抽水蓄能机组传统控制中附加了功率-频率下垂控制，使得抽水蓄能机组可以参与电网频率的调节过程，为电网提供功率支撑。

随着电力系统中可再生能源的不断并网接入，系统负荷功率波动呈现变化率和最大偏差皆增大的现象。通过抽水蓄能电站的功率-频率下垂控制可以抑制系统频率的波动，但这种调节方式是在可再生能源并入交流电网后，通过频率波动响应介入调节，并不能降低可再生能源自身的出力波动。

本章所介绍的基于柔性直流互联的抽水蓄能电站与可再生能源协同控制策略，包括基于直流电压控制的抽水蓄能电站控制策略，以及应对可再生能源发电出力波动的抽水蓄能电站与交流系统协同分配策略。不同于传统抽水蓄能电站的控制策略，本策略通过柔性直流输电系统将抽水蓄能电站与可再生能源相连，利用直流电压控制对抽水蓄能电站的运行模式进行调整，降低可再生能源并网功率波动，减少可再生能源并网对交流系统的影响。

5.3.1　基于直流电压控制的抽水蓄能电站控制策略

传统的附加了功率-频率下垂控制的抽水蓄能电站通过检测频率变化调整其运行模式。对用于调整抽水蓄能电站运行模式的直流电压下垂控制，其基于抽水蓄能换流站的有功功率-直流电压特性曲线与控制框图如图 5-3 所示。U 为直流电压运行值，U_0 为直流电压参考值，P_0 为计划发电(抽水)功率，P 为该时段实际发电(抽水)功率，P_{gen}、P_{pump} 分别为该时间段抽水蓄能最大发电、抽水功率。

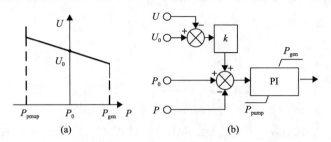

图 5-3　基于抽水蓄能换流站的有功功率-直流电压特性曲线与控制框图

　　当可再生能源实际出力大于预测出力时，由于直流输电系统内部功率不平衡，直流电压将上升，此时抽水蓄能电站将根据直流电压下垂控制特性曲线，提高抽水速率及计划容量，或者降低发电速率及计划容量。反之，当可再生能源实际出力小于预测出力时，直流电压将下降，抽水蓄能电站将降低其抽水速率及计划容量或者提高发电速率及计划容量。

　　由于可再生能源并网波动强弱不同，为了更好地抑制并网功率波动，根据抽水蓄能机组的运行特点，采用基于直流电压控制的抽水蓄能电站控制策略。该策略包含两种不同的抽水蓄能电站控制模式，如图 5-4 所示。

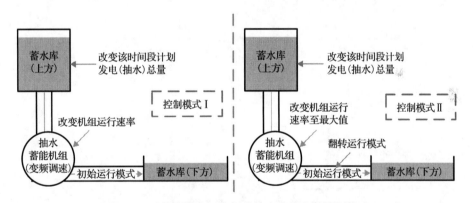

图 5-4　基于直流电压控制的抽水蓄能电站控制策略

　　图 5-4 中两种控制模式根据提前设置的直流电压阈值进行切换。直流电压阈值 $U_{\text{d-b}}$ 可表示为

$$U_{\text{d-b}}=U_0 \times (1 \pm \delta\%) \tag{5-1}$$

其中，$\delta\%$ 为直流电压波动率阈值。

　　当直流电压出现波动但波动率小于等于 $\delta\%$ 时，抽水蓄能电站将运行在控制模式 I 。如果此时抽水蓄能电站运行在抽水状态或者发电状态，则抽水蓄能电站将调整抽水蓄能机组的运行速率，并且改变该时间段的计划发电(抽水)总量，以抑制可再生能源并网波动。

当直流电压出现波动且大于 $\delta\%$ 时，抽水蓄能电站将运行在控制模式 II 。如果此时抽水蓄能电站的运行状态与抑制并网波动的状态相同，则抽水蓄能电站将调整抽水蓄能机组的运行速率到最大值，并且调整该时间段的计划发电(抽水)总量；如果此时抽水蓄能电站的运行状态与抑制并网波动的状态相反，则抽水蓄能电站将首先紧急翻转当前运行模式，调整为符合抑制并网波动的运行模式，随后，调整抽水蓄能机组的运行速率到最大值，并且改变该时间段计划的发电(抽水)总量，实现抑制可再生能源并网波动的目的。

图 5-5 为基于直流电压控制的抽水蓄能电站控制策略框图。其中，$\Delta U_{dc}\%$、$P_{direction}$ 和 P_{gen}/P_{pump} 分别为直流电压波动百分比、抽水蓄能电站运行状态以及抽水蓄能最大发电/抽水功率。k_{sp} 为抽水蓄能电站初始调速下垂系数，k_{spmax} 为抽水蓄能电站最大调速下垂系数，k_{cp} 为初始调容下垂系数。上述参数由抽水蓄能电站根据实际运行情况确定。

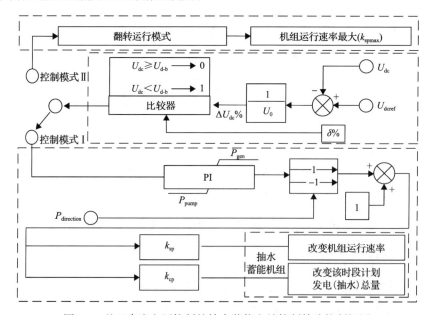

图 5-5　基于直流电压控制的抽水蓄能电站控制策略控制框图

5.3.2　抽水蓄能电站与交流系统协同分配策略

为使抽水蓄能电站参与到抑制可再生能源出力波动的过程中，基于直流电压控制的抽水蓄能电站控制策略需要与连接交流电网换流站的控制策略相配合，当功率波动出现时，不平衡功率能按照控制目标实时地分配到抽水蓄能电站和输出到交流系统。不平衡功率的即时分配可以表示为

$$\begin{cases} P_{\text{PSH}} = \Delta P \times \dfrac{k_{\text{sp}}}{k_{\text{sp}} + k_{\text{ac}}} \\ P_{\text{AC}} = \Delta P \times \dfrac{k_{\text{ac}}}{k_{\text{sp}} + k_{\text{ac}}} \end{cases} \tag{5-2}$$

其中，ΔP、P_{PSH}、P_{AC} 和 k_{ac} 分别为不平衡功率、分配到抽水蓄能电站的不平衡功率、分配到交流系统的不平衡功率和运行在裕度下垂模式的连接交流电网换流站的下垂系数。

可再生能源出力与预测出力不同时，若出力波动小于连接交流电网的换流站的设定功率阈值，则该换流站仍然运行在定直流电压模式，不平衡功率输出到交流电网；若出力波动大于连接交流电网的换流站的设定功率阈值，不平衡功率将根据抽水蓄能电站的初始调速下垂系数 k_{sp} 和连接交流电网换流站的下垂系数 k_{ac} 的比例进行分配，以实现抑制可再生能源波动的目的。

5.3.3　基于多端柔直互联的抽水蓄能电站和可再生能源协同运行策略

综合基于直流电压控制的抽水蓄能电站控制策略和抽水蓄能电站与交流系统协同分配策略，本节介绍一种基于多端柔直互联的抽水蓄能电站和可再生能源协同运行策略，控制流程图如图 5-6 所示。

当可再生能源的实际出力和可再生能源预测出力不一致时，抽水蓄能电站和可再生能源发电系统的协同运行策略启动控制。首先，连接交流电网的换流站判断不平衡功率是否在其设定功率阈值范围内，若此时不平衡功率不超过连接交流电网换流站的设定功率阈值，则该换流站依然运行在定直流电压模式，不平衡功率将全部传输至交流电网，此时直流系统内部直流电压无变化，抽水蓄能电站依然按照计划运行；若此时不平衡功率超过连接交流电网换流站的设定功率阈值，则该换流站将切换进入直流电压-功率下垂模式，此时，直流电压将出现波动，基于直流电压控制的抽水蓄能电站控制策略启

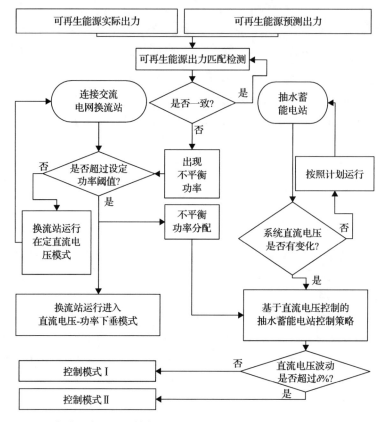

图 5-6　基于多端柔直互联的抽水蓄能电站和可再生能源协同运行策略控制流程图

动。若直流电压出现波动但波动率不超过 $\delta\%$，抽水蓄能电站将运行在控制模式 I，直流系统内的不平衡功率将根据 k_{sp} 和 k_{ac} 分配到抽水蓄能电站和交流系统；若直流电压出现波动且波动率大于 $\delta\%$，抽水蓄能电站将运行在控制模式 II，此时抽水蓄能电站进入紧急支援状态，不平衡功率将根据 k_{spmax} 和 k_{ac} 进行分配，以抑制可再生能源波动，保证系统安全稳定运行。

5.4　算 例 分 析

本节采用如图 5-1 所示的四端柔性直流输电系统进行算例验证。换流站以及其外接设施的参数如表 5-1 所示。其中，抽水蓄能电站的运行效率为 75%，其最大运行库容量和最小运行库容量分别为 500MW·h 和 100MW·h。抽水蓄能电站初始调速下垂系数 k_{sp} 为 3，抽水蓄能电站最大调速下垂系数 k_{spmax}

为 15，初始调容下垂系数 k_{cp} 为 10，连接抽水蓄能电站的换流站直流电压波动率为 5%。本章在最大运行库容量和最小运行库容量的基础上，设置了计划最大库容量和计划最小库容量，分别为 400MW·h 和 200MW·h，以保证在任何运行模式下，抽水蓄能电站均能参与到抑制可再生能源波动的协同运行策略。

表 5-1　换流站及其外接设施参数

换流站及其外接设施		容量/MW
换流站	VSC1	650
	VSC2	600
	VSC3	800
	DC-DC 变换器	250
外接设施	大型风电场	900
	抽水蓄能电站	550
	大型光伏发电站	200

图 5-7 为某日计划日内抽水蓄能功率曲线。按照调度计划，抽水蓄能电站于凌晨运行于抽水状态，蓄水库计划库容量从 200MW·h 增加至 400MW·h；于午后至晚间运行于发电状态，蓄水库计划库容量从 400MW·h 降低至 200MW·h。

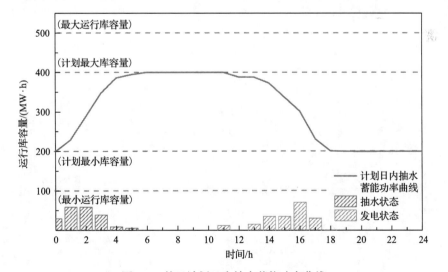

图 5-7　某日计划日内抽水蓄能功率曲线

某日大型风电场和大型光伏发电站(风光)总预测出力曲线和风光总实际出力曲线如图5-8所示。

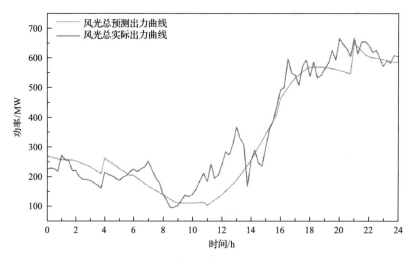

图 5-8　风光总预测出力曲线和风光总实际出力曲线

由于风光总实际出力与风光总预测出力不一致，抽水蓄能电站和可再生能源发电系统的协同运行策略将介入以抑制出力波动。通过协同运行策略控制的抽水蓄能电站实际日内抽水蓄能功率曲线与计划日内抽水蓄能电站库容量变化曲线的对比图如图5-9所示。

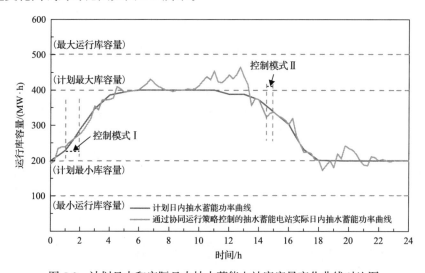

图 5-9　计划日内和实际日内抽水蓄能电站库容量变化曲线对比图

选取两个时间段来描述不同可再生能源出力波动情况下的抽水蓄能电站运行控制工况。两个典型时间段内的考虑抽水蓄能参与调节与不考虑抽水蓄能参与调节的抽水蓄能电站爬坡情况对比如图 5-10 所示。

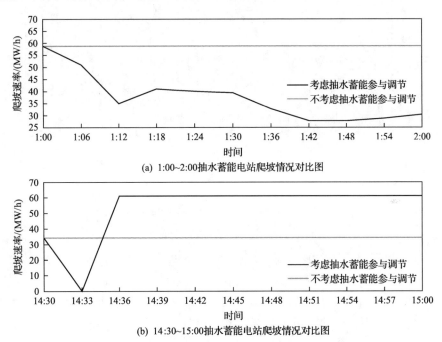

(a) 1:00~2:00抽水蓄能电站爬坡情况对比图

(b) 14:30~15:00抽水蓄能电站爬坡情况对比图

图 5-10　两个典型时间段内的考虑与不考虑抽水蓄能参与
调节的抽水蓄能电站爬坡情况对比

由图 5-10 可知，抽水蓄能电站于夜间 1:00～2:00 运行在抽水状态，此时由于风光总实际出力比预测值小，抽水蓄能电站运行于控制模式 I，抽水蓄能电站调整调速下垂系数，减少抽水速率，并降低该时间段计划抽水总量。下午 14:30～15:00，抽水蓄能电站运行在发电状态，此时由于风光总实际出力突然波动，为了减少风光总实际出力与预测出力偏差，协同运行策略介入，抽水蓄能电站运行于控制模式 II，抽水蓄能电站从发电模式切换到抽水模式，并调整调速下垂系数至最大值，以抑制风光总出力波动。

经过协同运行策略控制的风光总实际出力和预测出力偏差、分配到交流系统的功率偏差以及分配到抽水蓄能系统的功率偏差与不经过协同运行策略控制的风光总实际出力和预测出力偏差对比如图 5-11 所示。

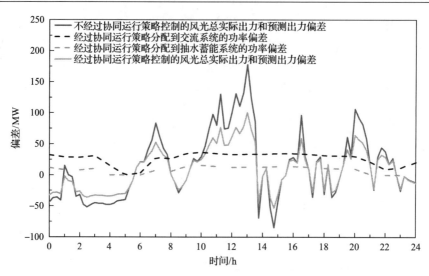

图 5-11 经过协同运行策略与不经过协同运行策略控制的风光总实际出力和
预测出力偏差对比图以及功率偏差分配图

通过协同运行策略的控制，多端柔性直流输电系统的出力偏差，即输入交流系统的可再生能源出力波动，相比于不经过协同运行策略控制的多端柔性直流输电系统的出力偏差显著减少。由图 5-11 可知，抽水蓄能电站和可再生能源发电系统的协同运行控制策略可以在可再生能源并网前有效抑制其出力波动，提高系统的运行安全性和经济性。

本章介绍了一种适用于柔性直流输电互联抽水蓄能电站和可再生能源发电系统的协同运行策略。该策略通过直流电压对抽水蓄能电站的运行进行控制，根据直流电压的波动情况，调整抽水蓄能机组的发电(抽水)速率以及计划发电(抽水)总量，在可再生能源发电系统利用直流输电系统并网之前，降低出力波动对交流系统带来的影响。通过建立的互联抽水蓄能电站、大型风电场、大型光伏发电站和交流电网的四端柔性直流输电系统，验证了所提控制策略的有效性。本章的工作扩展了抽水蓄能电站的应用领域，探索了利用柔性直流输电系统互联抽水蓄能电站参与到可再生能源并网波动抑制控制的应用的可能性。未来伴随着电力市场的发展，考虑市场因素利用柔性直流互联风光储系统进行协同控制具有更广阔的应用前景。

参 考 文 献

[1] Ren 21. Renewables global status report[EB/OL]. (2018-06-17) [2020-05-02]. http://www.ren21.net/wp-content/uploads/2018/06/17-8652_ GSR2018_FullReport_web_-1.pdf.

[2] Liu M, Quilumba F L, Lee W J. Dispatch scheduling for a wind farm with hybrid energy storage based on wind and LMP forecasting[J]. IEEE Transactions on Industry Applications, 2015, 51(3): 1970-1977.

[3] 乔颖, 鲁宗相, 闵勇. 提高风电功率预测精度的方法[J]. 电网技术, 2017, 41(10): 3261-3268.

[4] 袁小明, 程时杰, 文劲宇. 储能技术在解决大规模风电并网问题中的应用前景分析[J]. 电力系统自动化, 2013, 37(1): 14-18.

[5] 高明杰, 惠东, 高宗和, 等. 国家风光储示范工程介绍及其典型运行模式分析[J]. 电力系统自动化, 2013, 37(1): 59-64.

[6] 李建林, 田立亭, 来小康. 能源互联网背景下的电力储能技术展望[J]. 电力系统自动化, 2015(23): 15-25.

[7] Mercier T, Jomaux J, Jaeger E D, et al. Provision of primary frequency control with variable-speed pumped-storage hydropower[C]. 2017 IEEE Manchester PowerTech, Manchester, 2017: 1-6.

[8] 梁亮, 李普明, 刘嘉宁, 等. 抽水蓄能电站自主调频控制策略研究[J]. 高电压技术, 2015, 41(10): 3288-3295.

[9] 徐飞, 陈磊, 金和平, 等. 抽水蓄能电站与风电的联合优化运行建模及应用分析[J]. 电力系统自动化, 2013, 37(1): 149-154.

[10] 韩亮, 白小会, 陈波, 等. 张北±500kV 柔性直流电网换流站控制保护系统设计[J]. 电力建设, 2017, 38(3): 42-47.

[11] 邵宜祥, 纪历, 袁越, 等. 可变速抽水蓄能机组在抽水工况下的自启动方案[J]. 电力系统自动化, 2016, 40(24): 125-130.

第6章　用于城市电网增容改造的柔性直流输电系统

6.1　引　　言

随着全世界范围内城市化进程的不断推进，城市电力需求正在迅速增加[1,2]。另外，为了减少温室气体的排放，本地化石燃料发电厂被城镇化的以可再生能源或清洁的外部能源主导的发电厂所取代。由于本地发电资源的减少和需求的快速增长，从外部到城市负荷中心以及相邻负荷区域之间的电力输送能力不足导致了频繁的网络拥堵[3]。城市电网的运行已接近其容量极限，城市供电正面临着关键节点短路电流超标以及重要区域无功支撑不足等问题。

为了解决这些问题，城市传输网络正在不断升级。然而，随着功率传输水平的提高，网络短路电流超过现有开关设备及其他网络组件的短路能力的风险将大大增加[4]。短路电流问题已成为城市电网扩展的主要限制因素。为了维持可接受的短路电流水平，部分本应闭环运行和网状运行的网络必须开环运行，这降低了城市电网的灵活性和可靠性[5]。当发生极端事件时，城市电网可能会面临电压崩溃、频率振荡甚至停电的风险。为了解决城市电网扩展问题，公用事业及城市电力系统运营商目前最直接的方法是在现有的城市电网中安装新的电路或变压器，以减轻电路和变电站的过载。然而，土地成本及其稀缺性使得城市电网难以获得增加传输或变电站设施的新通行权。同时，升级现有电路和变电站将增加网络短路电流超过现有设备短路能力的风险。因此，传统城市电网发展模式已无法满足城市发展的需求。随着城市电网的进一步发展，上述发展矛盾会愈加突出，城市电网迫切需要采用新技术主动应对越来越严峻的挑战。

柔性直流输电系统集输电容量大、可控性好、控制迅速、不增加系统短路电流、具备动态无功补偿、良好的可再生能源消纳能力、改善电能质量能力以及环境友好等优点于一身，适合用于城市核心区电网供电[6-13]。凭借在城市电网应用中的独特优势，已有多个柔性直流输电工程投入运行[14-21]。未来柔性直流输电工程将会更多地应用到核心区供电[22]。目前，用于城市电网增容改造的柔性直流输电技术的研究主要可分为两类：①利用柔性直流输电技术将外部电源馈入城市负荷区；②柔性直流输电技术互联城市内部相邻负荷区[23-25]。随着供用电量和多样化程度不断增加，根据不同的供用电需求，在原有城市网架基础上，将形成嵌入连接不同区域城市电网、具有不同控制目标的多条双端或多端或者多电压等级直流输电网络[26-28]。

　　服务于城市电网增容改造的多电压等级柔性直流系统包括以下特征：①多电压等级；②多端互联或呈环形网络；③具备不同电压等级之间的功率交换能力[29]。与传统的单一电压等级柔性直流输电系统相比，除了原有的单一电压等级下多个换流站之间的传统控制协调问题外，多电压等级柔性直流系统还需要考虑不同电压等级之间的换流站间的协调控制问题。相比于传统单一电压等级柔性直流输电系统，用于城市的多电压等级柔性直流系统的功率流更加复杂，控制的优先级也需要根据不同的操作进行设置。因此，考虑到两者的差异，单一电压等级柔性直流输电系统的控制策略无法直接应用于多电压等级柔性直流系统。多电压等级柔性直流系统的相关研究尚处于探索和起步阶段。

　　本章针对城市电网增容改造需求，介绍基于柔性直流输电技术的用于城市电网的多电压等级柔性直流系统。首先，建立用于城市电网增容改造的多电压等级柔性直流系统模型。然后，在所建立的模型的基础上，介绍三种多电压等级柔性直流系统运行模式：正常运行模式、功率受限运行模式以及分层运行模式。其中正常运行模式的目的是在电网正常运行条件下，保持多电压等级柔性直流系统的内部功率平衡。功率受限运行模式的目的是在系统故障状态下，优先保障支持城市高压交流输电电网的能力。在直流系统内部故障或外部交流系统故障下，多电压等级柔性直流系统的分层运行模式具有分层稳定运行的能力。

6.2　多电压等级柔性直流系统模型

　　传统的城市交流电网按功能可分为两类：功率传输网络和功率供应网络。功率传输网络的目的在于系统内的电力传输。功率传输网络不直接与负载相连，其网络上的功率传输相对稳定。功率供应网络直接与负载相连，由于负载具有波动性，因此其网络上的功率流随时间变化。

　　参考城市交流电网的功能分类及网架结构，用于城市电网增容改造的多电压等级柔性直流系统的拓扑结构如图 6-1 所示。

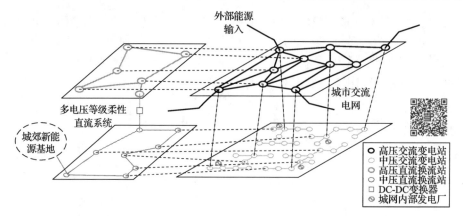

图 6-1 用于城市电网增容改造的多电压等级柔性直流系统的拓扑结构图(彩图扫二维码)

用于城市电网增容改造的多电压等级柔性直流系统由高压柔性直流输电系统、中压柔性直流输电系统和 DC-DC 变换器组成。其中，高压柔性直流输电系统与最低电压等级或次低电压等级的交流输电网连接，其目的是在城市的不同分区之间传输功率，以提高城市电网的调度和控制灵活性。中压柔性直流输电系统与最高电压等级的城市配电网或最低电压等级的交流输电网连接，其目的是提高可再生能源整合的能力和城市电网应对负荷波动的能力。中压柔性直流输电系统具有两个功能：作为功率传输网络，其功能与高压柔性直流输电系统类似；作为功率供应网络，中压柔性直流输电系统可以接收郊区可再生能源基地产生的电力并向城市负荷区供电。DC-DC 变换器主要起到在两个不同电压等级的柔性直流输电系统之间交换功率的作用。

6.2.1 高压柔性直流输电系统

高压柔性直流输电系统的系统结构如图 6-2 所示，P 为传输功率，U 为节点电压。

为控制功率流并在异常工况下保持电压稳定，高压柔性直流输电系统采用裕度电压下垂控制。在裕度电压下垂控制下，如果主站发生故障或达到功率极限，备用换流站可以接管系统的电压调节。如图 6-2 所示，高压柔性直流输电系统内的换流站可归纳为三类：定直流电压站、定直流电压备用站以及定功率站。定直流电压站在系统正常运行状态下负责控制整个高压柔性直流输电系统的直流电压稳定。定直流电压备用站在系统正常运行状态下工作于定功率控制模式。当定直流电压站故障或者处于异常工作条件下时，定直流电压备用站将进入定直流电压控制模式，对系统直流电压进行控制。定功率站一直在定有功功率控制模式下工作。

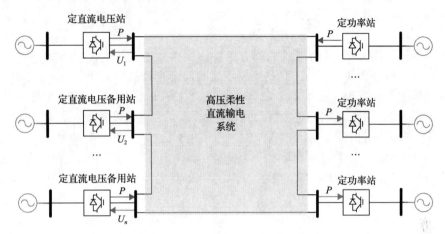

图 6-2　高压柔性直流输电系统的结构图

6.2.2　DC-DC 变换器

DC-DC 变换器的作用是实现不同电压等级的功率交换。为满足高电压、大容量和双向潮流的控制需求,采用隔离型双向 DC-DC 变换器作为互联不同电压等级的柔性直流输电系统的 DC-DC 变换器。DC-DC 变换器的概念结构如图 6-3 所示。

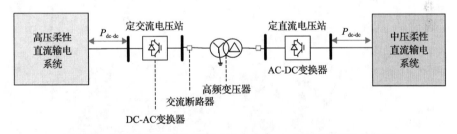

图 6-3　多电压等级柔性直流系统中 DC-DC 变换器的概念结构图

如图 6-3 所示,DC-DC 变换器由 DC-AC 变换器、AC-DC 变换器、交流断路器和高频变压器组成。为实现更大的变比、提供高功率吞吐能力和电气隔离,采用了 500Hz 高频变压器。与传统基于基频的变压器相比,500Hz 高频变压器的损耗约为传统变压器的 105%,但成本约为传统变压器的 75%。在变压器损耗相近的情况下,采用 500Hz 高频变压器可以显著减少占用面积和成本,适合用于城市电网增容改造的多电压等级柔性直流系统的 DC-DC 变换器。

　　在 DC-DC 变换器中，DC-AC 变换器在定交流电压控制模式下运行，以保持 DC-DC 变换器中交流电压的稳定性；AC-DC 变换器在定直流电压控制模式下运行，并具有动态功率限制。

　　根据不同工作条件和控制要求，AC-DC 变换器有两种不同的控制策略。在正常工作条件下，AC-DC 变换器在定直流电压控制模式下运行，DC-DC 变换器上的功率流不受控制，完全由高压柔性直流输电系统和中压柔性直流输电系统之间的功率平衡决定。当多电压等级柔性直流系统处于异常工作状态时，根据调度中心的命令，AC-DC 变换器将工作在具有传输功率限制的定直流电压模式下。当功率低于限制功率时，AC-DC 变换器仍可以工作在定直流电压模式下，当 DC-DC 变换器上的功率流达到或者超过限制功率时，AC-DC 变换器将进入定功率控制模式运行，以限制通过 DC-DC 变换器由高压柔性直流输电系统向中压柔性直流输电系统提供的功率。这种控制策略可以保证正常工作条件下高压柔性直流输电系统和中压柔性直流输电系统之间的自由功率交换，在故障模式下也可以通过控制 DC-DC 变换器限制高压柔性直流输电系统和中压柔性直流输电系统之间的功率交换。

6.2.3　中压柔性直流输电系统

　　中压柔性直流输电系统的拓扑结构如图 6-4 所示。

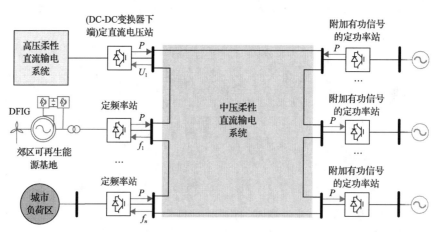

图 6-4　中压柔性直流输电系统的拓扑结构图

　　中压柔性直流输电系统内的换流站可归纳分为三类：定直流电压站、定频率站以及附加有功信号的定功率站。中压柔性直流输电系统内的定直流电压站实际是 DC-DC 变换器内的 AC-DC 变换器。其工作在定直流电压控制模式，为中压柔性直流输电系统提供直流电压参考。为充分接收郊区可再生能源基地产生的电力并满足对城市负荷区负荷波动的快速响应，与郊区可再生能源基地和城市负荷区相连的换流站采用定频率控制。除与郊区可再生能源基地和城市负荷区相连的换流站外，其余换流站均工作在定功率控制模式下，并带有附加的有功功率信号控制。在正常工作条件下，这些变换器将在定功率控制下工作，根据调度中心的命令将一定量的功率传输到交流电网。当 DC-DC 变换器内的 AC-DC 变换器发生故障或达到其功率极限时，这些变换器将变为附加的有功功率信号控制，以保持中压柔性直流输电系统内的直流电压的稳定性。

6.3　多电压等级柔性直流系统运行模式与控制策略

6.3.1　运行模式概述

　　与城市交流电网和单电压等级柔性直流输电系统相比，多电压等级柔性直流系统在运行模式和控制策略方面有很大不同。用于城市电网增容改造的多电压等级柔性直流系统具有三种运行模式及相对应的控制策略，三种运行模式如图 6-5 所示。

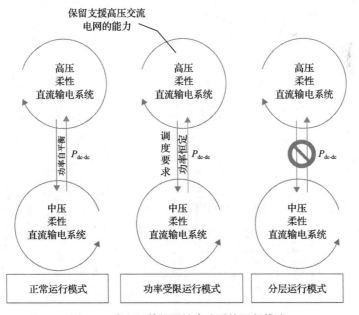

图 6-5　多电压等级柔性直流系统运行模式

在城市电网正常运行条件下，多电压等级柔性直流系统在正常运行模式下运行。

当城市高压交流输电网出现故障时，高压柔性直流输电系统的主站需要向其交流侧供电，这要求直流输电系统主站在容量限制内保持一定的功率余量。在此情况下，系统将在功率受限运行模式下运行。

当 DC-DC 变换器发生故障时，多电压等级柔性直流系统将在分层运行模式下运行。

三种运行模式以及其对应的控制策略如下。

6.3.2　正常运行模式

正常运行模式是基本运行模式。在正常运行模式下，DC-DC 变换器上的功率流向取决于中压柔性直流输电系统和高压柔性直流输电系统之间的功率平衡。当中压柔性直流输电系统的内部功率不足时，高压柔性直流输电系统通过 DC-DC 变换器供应所缺功率。相反，当中压柔性直流输电系统的内部功率冗余时，冗余功率通过 DC-DC 变换器传输到高压柔性直流输电系统。

正常运行模式可以始终保持中压柔性直流输电系统的内部功率平衡。由于具有足够的功率调度和接收能力，因此可以完全接收来自郊区可再生能源基地发出的可再生能源电能。此外，与市区负荷区相连的换流站也具有较大的输出功率调节能力，以实时响应负荷波动。

正常运行模式下的控制策略流程如图 6-6 所示。

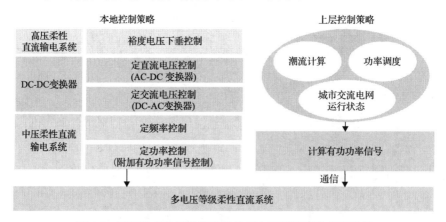

图 6-6　用于城市电网增容改造的多电压等级柔性直流系统
正常运行模式下的控制策略流程图

正常运行模式下的控制策略由本地控制策略和上层控制策略组成。在没有通信的情况下，本地控制策略可以保持多电压等级柔性直流系统的直流电压稳定和有功功率平衡。为了满足调度中心的要求，上层控制首先根据城市交流电网的运行状态计算每个换流站的电力需求。然后，根据多电压等级柔性直流系统中的潮流情况，上层控制针对具有定功率控制的每个换流站定期计算并更新有功功率设定点，有功功率设定点的计算如下：

$$\sum_{i=1}^{n} P_i^{\text{ref}} = \sum_{j=n+1}^{M} P_j^{\text{RES}} + P_{\text{Master}}^{\text{cnst-v}} + \sum_{t=M+1}^{N-1} P_t^{\text{Cload}} \tag{6-1}$$

其中，P_i^{ref}、P_j^{RES}、$P_{\text{Master}}^{\text{cnst-v}}$ 和 P_t^{Cload} 分别为定功率控制换流站(共 n 个)的有功功率设定点、与郊区可再生能源基地连接的换流站(共 $M-n$ 个)的有功功率、主站的有功功率、与城市负荷区相连的高压柔性直流输电系统换流站(共 $N-1-M$ 个)的有功功率。上层控制将计算出的有功功率设定点发送到定功率控制变换站，此后，这些站将以新的设定点运行，直到需要进行下一次调整为止。

6.3.3　功率受限运行模式

当调度中心下达控制命令时，多电压等级柔性直流系统开始以功率受限运行模式运行。在功率受限运行模式下，高压柔性直流输电系统到中压柔性直流输电系统的功率传输将受到限制。功率受限运行模式的直流电压-有功功率特性曲线如图 6-7 所示。

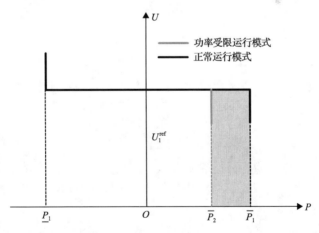

图 6-7　功率受限运行模式的直流电压-有功功率特性曲线

在正常运行模式下，$\overline{P}_1$ 和 $\underline{P}_1$ 分别是 DC-DC 变换器的最大和最小有功功率。在功率受限运行模式下，为了在高压柔性直流输电系统中保持一定的功率裕度，AC-DC 变换器将 DC-DC 变换器的最大有功功率从 $\bar{P_1}$ 调整为 $\bar{P_2}$。

对于中压柔性直流输电系统，面临两种情况：①由于 DC-DC 变换器传输的限制，当中压柔性直流输电系统的电力需求大于 $\bar{P_2}$ 时，中压柔性直流输电系统可能会发生内部电力短缺；②当高压柔性直流输电系统主站的交流侧功率需求增加时，保持在高压柔性直流输电系统中的功率裕度可能不足以满足高压柔性直流输电系统主站的交流侧功率需求。为了解决以上问题，本节提出了用于功率受限运行模式的组合控制，如图 6-8 所示。

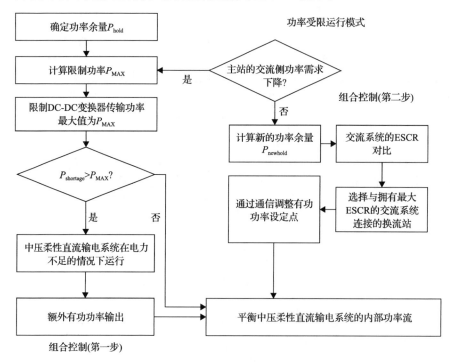

图 6-8　用于功率受限运行模式的组合控制流程图

当用于城市电网增容改造的多电压等级柔性直流系统在功率受限运行模式下运行时，组合控制的第一步是根据高压柔性直流输电系统主站的交流侧功率需求确定功率余量 P_{hold}。

然后，组合控制计算限制功率 P_{MAX}，并将从高压柔性直流输电系统到中压柔性直流输电系统的输电功率最大值置为 P_{MAX}。P_{MAX} 的计算如下：

$$P_{\text{MAX}} = P_{\text{rated}}^{\text{cnst-v}} - \sum P_{\text{high}}^{\text{ref}} - P_{\text{hold}} \tag{6-2}$$

其中, $P_{\text{rated}}^{\text{cnst-v}}$ 和 $\sum P_{\text{high}}^{\text{ref}}$ 分别为高压柔性直流输电系统主站的额定有功功率和高压柔性直流输电系统中定功率控制换流站的有功功率总和。

当中压柔性直流输电系统的功率短缺 P_{shortage} 大于 P_{MAX} 时, 由于 DC-DC 变换器传输限制, 中压柔性直流输电系统的内部功率流出现短缺, 中压柔性直流输电系统的直流电压降低。为了保持直流电压的稳定, 当直流电压降低到直流电压的最小值时, 定功率控制站将转换为附加的有功功率信号控制, 通过调整有功功率设定点, 这些定功率控制站可以平衡中压柔性直流输电系统的内部潮流。

组合控制的第一步可以为高压柔性直流输电系统主站的交流侧功率需求保持一定的功率裕度, 并且可以通过附加的有功功率信号控制来平衡其对中压柔性直流输电系统运行的影响。如果高压柔性直流输电系统主站的交流侧功率需求降低, 则组合控制可以增加 P_{MAX} 以提高通过 DC-DC 变换器的功率交换裕度, 从而减少对中压柔性直流输电系统运行的影响。

如果高压柔性直流输电系统主站的交流侧功率需求增加, 为了避免进一步影响中压柔性直流输电系统的运行, 组合控制可以调整高压柔性直流输电系统中定功率控制换流站的有功功率设定点。

组合控制的第二步是计算高压柔性直流输电系统主站当前为保证其交流侧功率需求设置的 P_{hold} 和实际功率需求之间的差异。需求差异的计算如下:

$$\Delta P_{\text{shortage}} = P_{\text{ACdemand}} - P_{\text{hold}} \tag{6-3}$$

其中, P_{ACdemand} 为高压柔性直流输电系统主站的当前功率需求。然后, 组合控制可以调整定功率控制换流站的有功功率设定点。

有功功率设定点的调整也会影响调整后的定功率控制换流站的交流侧。为了减少对交流侧的影响, 组合控制选择与强交流系统相连的换流站进行调整。与弱交流系统相比, 强交流系统具有更大的抗扰动性。为了计算交流系统的强弱, 本章采用有效短路比(effective short circuit ratio, ESCR)作为判断指标。有效短路比被认为是判断连接有换流站的交流系统抗扰动能力强弱的重要指标。有效短路比可以定义为

$$\text{ESCR} = \frac{S_{\text{SC}} - Q_{\text{cN}}}{P^{\text{ref}}} \tag{6-4}$$

其中，S_{SC}、Q_{cN} 和 P^{ref} 分别为短路容量、从电容器组产生的无功功率和定功率控制换流站的有功功率。ESCR 越高表明系统稳定性越好，而 ESCR 越低表明系统越容易受到功率波动的影响。图 6-9 为具有不同 ESCR 的交流系统遭受相同扰动后的频率特性曲线。

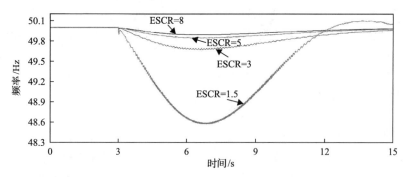

图 6-9　具有不同 ESCR 的交流系统遭受相同扰动后的频率特性曲线

　　假设在 3s 时定功率控制换流站调整其运行点，如果换流站连接到具有较低 ESCR 的交流系统，则在定功率控制站调整其运行点时，交流系统的工作频率将出现较大幅度的波动，这可能威胁到交流系统的运行稳定性。如果换流站连接到具有较高 ESCR 的交流系统，则当定功率控制站调整其运行点时，换流站交流侧的工作频率将在较小范围内波动，不会对交流系统的稳定性造成严重影响。

　　为了减少定功率控制站调整其运行点时对交流侧的影响，应比较所有定功率控制换流站交流侧的 ESCR，然后组合控制选择交流侧具有最大 ESCR 的换流站，并调整该换流站的有功功率设定点。新的有功功率设定点 P_{new}^{ref} 的计算如下：

$$P_{new}^{ref} = \begin{cases} P^{ref} - \Delta P_{shortage}, & P^{ref} < 0 \\ P^{ref} + \Delta P_{shortage}, & P^{ref} \geqslant 0 \end{cases} \tag{6-5}$$

　　组合控制在计算新的有功功率设定点后，将新的设定点发送到需要调整的换流站进行设置。通过组合控制的第二步，高压柔性直流输电系统可以为其主站的功率需求保留更大的功率裕量，也可减小换流站功率调整对其交流侧的影响。

6.3.4　分层运行模式

当 DC-DC 变换器出现故障或调度中心发出调度命令时，多电压等级柔性直流系统将以分层运行模式运行。在分层运行模式下，不同电压等级柔性直流系统的运行和控制是独立的，高压柔性直流输电系统和中压柔性直流输电系统通过自身控制保证内部功率平衡和电压稳定。

在分层运行模式下，高压柔性直流输电系统的运行不会受到本地控制的明显影响。同时，功率受限运行模式下的组合控制仍然可以应用于高压柔性直流输电系统。

在其他运行模式下，中压柔性直流输电系统的直流电压由 DC-AC 变换器控制。在分层运行模式下，中压柔性直流输电系统的直流电压将从由 DC-AC 变换器控制更改为以附加有功功率信号在定功率控制下运行的换流站控制。通过附加的有功功率信号控制，这些原本在定功率控制下运行的换流站可以共享不平衡功率，并保持中压柔性直流输电系统中的直流电压稳定。

6.4　仿真分析

为验证用于城市电网增容改造的多电压等级柔性直流系统的三种运行模式，本节在 PSCAD/EMTDC 中搭建了由九个换流站组成的多电压等级柔性直流系统，如图 6-10 所示。

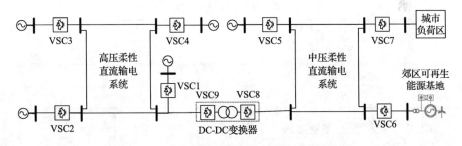

图 6-10　多电压等级柔性直流系统测试结构图

系统采用的高压直流电压为 ± 200kV，中压直流电压为 ± 100kV。高压柔性直流输电系统连接到一个 220kV 城市交流电网，中压柔性直流输电系统连接到一个 110kV 城市负荷区和一个郊区可再生能源基地。换流站容量和换流站交流侧系统的 ESCR 如表 6-1 所示。

表 6-1　换流站容量和换流站交流侧系统的 ESCR

换流站	VSC1	VSC2	VSC3	VSC4
容量/(MV·A)	500	400	400	400
ESCR	8.0	3.0	1.5	5.0
换流站	VSC5	VSC6	VSC7	
容量/(MV·A)	150	150	150	
ESCR	4.0	—	—	

　　高压直流主换流站 VSC1 在定直流电压控制下运行。换流站 VSC1 的直流电压设定点为 400kV。备用换流站 VSC4 在裕度电压下垂控制模式下运行，VSC4 的裕量电压设置为 390kV 和 410kV。换流站 VSC2 和 VSC3 在定功率控制下运行。所有换流站的安全直流电压范围为 360~440kV，换流站的电抗为 0.0824H，换流站的直流侧电容为 300μF。

　　中压直流换流站 VSC5 在定功率控制和附加的有功功率信号控制下运行，VSC5 的直流电压下限和上限分别为 195kV 和 205kV，VSC5 的直流电压安全范围为 170~230kV。假定换流站 VSC6 与郊区可再生能源基地相连，假定 VSC7 与城市负荷区相连。VSC6 和 VSC7 在定频率控制下运行。中压柔性直流输电系统定频控制的频率设定点为 50Hz，换流站电抗为 0.04H，换流站直流侧电容为 200μF。

　　换流站间的直流传输线长度如表 6-2 所示。

表 6-2　换流站间的直流传输线长度

传输线(换流站—换流站)	L12	L23	L34	L14
长度/km	80	50	50	80
传输线(换流站—换流站)	L56	L67	L58	L78
长度/km	20	30	15	20

　　DC-DC 变换器的参数如表 6-3 所示。

表 6-3　DC-DC 变换器参数

换流站	VSC8	VSC9
功率/(MV·A)	200	200
电压设定值/kV	200(DC)	230(AC)
控制策略	定直流电压控制	定交流电压控制
变压器频率/Hz	500	500

用于城市电网增容改造的多电压等级柔性直流系统的初始有功功率设定点如表 6-4 所示。表 6-4 中，取功率流从交流系统到多电压等级柔性直流系统为正方向。

表 6-4　有功功率初始值

直流输电系统	换流站	初始有功功率/MW
	VSC2	−300
高压柔性直流输电系统	VSC3	−200
	VSC4	200
	VSC5	60
中压柔性直流输电系统	VSC6	50
	VSC7	−75

6.4.1　正常运行模式仿真

正常运行模式仿真过程：在时间 $t = 0.5\text{s}$ 时，根据调度中心的要求，换流站 VSC3 的有功功率变为–60MW。在时间 $t = 0.7\text{s}$ 时，换流站 VSC5 的有功功率变为 80MW。在时间 $t = 1.0\text{s}$ 时，换流站 VSC7 的有功功率变为–145MW。在时间 $t = 1.5\text{s}$ 时，换流站 VSC1 由于暂时故障而退出运行，并在 $t = 1.7\text{s}$ 时重新恢复运行。正常运行模式的仿真结果如图 6-11 所示。

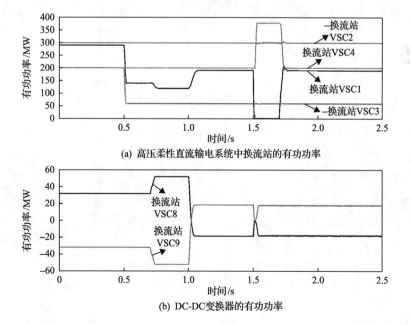

(a) 高压柔性直流输电系统中换流站的有功功率

(b) DC-DC变换器的有功功率

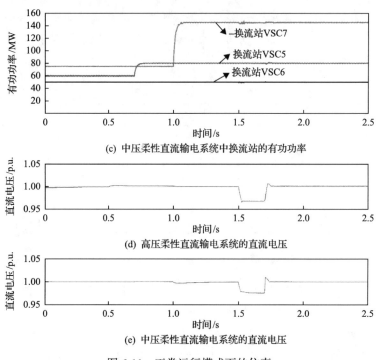

(c) 中压柔性直流输电系统中换流站的有功功率

(d) 高压柔性直流输电系统的直流电压

(e) 中压柔性直流输电系统的直流电压

图 6-11　正常运行模式下的仿真

如图 6-11 和表 6-5 所示，在 $t=0.5\mathrm{s}$ 之前，用于城市电网增容改造的多电压等级柔性直流系统内部功率平衡，DC-DC 变换器上的功率从中压柔性直流输电系统传输到高压柔性直流输电系统。

表 6-5　正常运行模式下换流站的功率、直流电压和系统损耗

参数	0~0.5s	0.5~0.7s	0.7~1.0s	1.0~1.5s	1.5~1.7s	1.7~2.5s
VSC1 功率/MW	280	136	116	188	0	188
VSC2 功率/MW	−300	−300	−300	−300	−300	−300
VSC3 功率/MW	−200	−60	−60	−60	−60	−60
VSC4 功率/MW	200	200	200	200	378	200
VSC5 功率/MW	60	60	80	80	80	80
VSC6 功率/MW	50	50	50	50	50	50
VSC7 功率/MW	−75	−75	−75	−145	−145	−145
VSC8 功率/MW	32	32	51.5	−18.5	−18.5	−18.5
VSC9 功率/MW	−32	−32	−51.5	18.5	18.5	18.5

续表

参数	0~0.5s	0.5~0.7s	0.7~1.0s	1.0~1.5s	1.5~1.7s	1.7~2.5s
高压柔性直流输电系统的直流电压/p.u.	1.00	1.00	1.00	1.00	0.9675	1.00
中压柔性直流输电系统的直流电压/p.u.	1.00	1.00	1.00	1.00	0.975	1.00
高压柔性直流输电系统损耗/MW	12.0	8.0	7.5	9.5	9.5	9.5
中压柔性直流输电系统损耗/MW	3.0	3.0	3.5	3.5	3.5	3.5

在 $t=0.5\text{s}$ 时，换流站 VSC3 的有功功率从–200MW 变为–60MW，换流站 VSC1 的有功功率从 280MW 变为 136MW。在 $t=0.7\text{s}$ 时，换流站 VSC5 的有功功率从 60MW 变为 80MW。DC-DC 变换器上流过的功率流从 32MW 变为 51.5MW。换流站 VSC1 的有功功率从 136MW 变为 116MW。

在 $t=1.0\text{s}$ 时，由于城市负荷区的负荷波动，换流站 VSC7 的有功功率从–75MW 变为–145MW，中压柔性直流输电系统的内部潮流从过剩变为不足，DC-DC 变换器上的功率流反向。DC-DC 变换器上的功率从 51.5MW 转换为–18.5MW，换流站 VSC1 的有功功率变为 188MW。在仿真过程中，高压柔性直流输电系统和中压柔性直流输电系统的直流电压保持在 1.00p.u.附近，如图 6-11(d) 和图 6-11(e) 所示。

在 $t=1.5\text{s}$ 时，换流站 VSC1 由于暂时故障而退出运行，有功功率立即降低为零。由于失去了直流电压控制，DC-DC 变换器无法吸收来自高压柔性直流输电系统的功率，DC-DC 变换器上的功率降低，高压柔性直流输电系统和中压柔性直流输电系统内部功率均出现不足，高压柔性直流输电系统和中压柔性直流输电系统的直流电压降低。当高压柔性直流输电系统的直流电压降至 0.975p.u.时，作为高压柔性直流输电系统中备用站的换流站 VSC4 变为定直流电压控制，有功功率从 200MW 变为 378MW，高压柔性直流输电系统的直流电压稳定在 0.9675p.u.，DC-DC 变换器立即恢复供电，中压柔性直流输电系统的直流电压最终稳定在 0.975p.u.。

在 $t=1.7\text{s}$ 时，换流站 VSC1 恢复工作，多电压等级柔性直流系统恢复到正常运行模式，换流站 VSC1 的功率从 0 MW 变为 188MW，换流站 VSC4 变为定功率控制，换流站 VSC4 的功率从 378MW 变为 200MW。高压柔性直流输电系统和中压柔性直流输电系统的直流电压均增加并最终稳定在 1.00p.u.。

从图 6-11 和表 6-5 可以得出结论，针对正常运行模式提出的控制策略可以在正常运行模式和直流系统内部临时故障发生时，保持直流输电系统内部功率平衡和直流电压稳定。

6.4.2　功率受限运行模式仿真

在功率受限运行模式仿真中，换流站 VSC2 的初始有功功率设定点为–150MW，换流站 VSC5 为 40MW，换流站 VSC6 为 60MW。多电压等级柔性直流系统中其他换流站的初始设置与正常运行模式下相同。

在时间 t=0.5s 时，根据调度中心的要求，多电压等级柔性直流系统开始以功率受限运行模式运行。限制功率 P_{MAX} 设置为 25MW，从高压柔性直流输电系统传输到中压柔性直流输电系统。在时间 t=0.7s 时，换流站 VSC7 的有功功率变为–145MW。在时间 t=1.0s 时，高压柔性直流输电系统主站的交流侧功率需求增加。在时间 t=1.5s 时，换流站 VSC1 由于暂时故障而退出运行，在时间 t=1.7s 时恢复运行。在 t=2.0s 时，多电压等级柔性直流系统退出了功率受限运行模式。图 6-12 为功率受限运行模式的仿真结果。

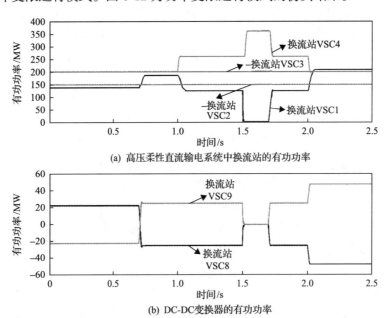

(a) 高压柔性直流输电系统中换流站的有功功率

(b) DC-DC变换器的有功功率

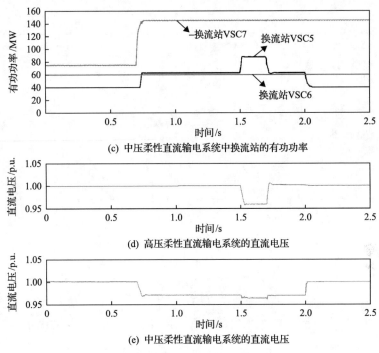

(c) 中压柔性直流输电系统中换流站的有功功率

(d) 高压柔性直流输电系统的直流电压

(e) 中压柔性直流输电系统的直流电压

图 6-12　功率受限运行模式下的仿真

如图 6-12 和表 6-6 所示，在 $t = 0.5$s 时，根据调度中心的要求，多电压等级柔性直流系统开始以功率受限运行模式运行。DC-DC 变换器上流经的功率流小于限制功率 P_{MAX}。

表 6-6　功率受限运行模式下换流站的功率、直流电压和系统损耗

参数	0~0.7s	0.7~1.0s	1.0~1.5s	1.5~1.7s	1.7~2.0s	2.0~2.5s
VSC1 功率/MW	136.5	185	125	0	125	207.5
VSC2 功率/MW	−150	−150	−150	−150	−150	−150
VSC3 功率/MW	−200	−200	−200	−200	−200	−200
VSC4 功率/MW	200	200	260	359	260	200
VSC5 功率/MW	40	63	63	88.5	63	40
VSC6 功率/MW	60	60	60	60	60	60
VSC7 功率/MW	−75	−145	−145	−145	−145	−145
VSC8 功率/MW	22.5	−25	−25	0	−25	−47.5
VSC9 功率/MW	−22.5	25	25	0	25	47.5

续表

参数	0～0.7s	0.7～1.0s	1.0～1.5s	1.5～1.7s	1.7～2.0s	2.0～2.5s
高压柔性直流输电系统的直流电压/p.u.	1.00	1.00	1.00	0.9575	1.00	1.00
中压柔性直流输电系统的直流电压/p.u.	1.00	0.97	0.97	0.965	0.97	1.00
高压柔性直流输电系统损耗/MW	9	10	10	9	10	10
中压柔性直流输电系统损耗/MW	2.5	3.0	3.0	3.5	3.0	2.5

在 $t = 0.7$s 时，由于城市负荷区的负荷波动，换流站 VSC7 的有功功率从 –75MW 变为–145MW，中压柔性直流输电系统的功率需求超过了限制功率 P_{MAX}。由于 DC-DC 变换器上的功率传输受限，中压柔性直流输电系统出现功率不平衡，其直流电压降低。当直流电压降至 0.975p.u.时，换流站 VSC5 进入附加有功功率信号控制模式，有功功率设定点开始从 40MW 变为 63MW，消纳了中压柔性直流输电系统内部的不平衡功率，中压柔性直流输电系统的直流电压稳定在 0.97p.u.。

在 $t = 1.0$s 时，假设高压柔性直流输电系统主站的交流侧功率需求增加。为了保持更大的功率裕度以支援高压柔性直流输电系统主站的交流侧，利用表 6-1 中给出的 ESCR 进行计算，组合控制选择换流站 VSC4 进行有功功率调整。换流站 VSC4 的有功功率运行点从 200MW 调整为 260MW，换流站 VSC1 的有功功率由于系统平衡变为 125MW。

在 $t = 1.5$s 时，换流站 VSC1 由于暂时故障而退出运行，有功功率立即降低为零。由于失去了直流电压控制，DC-DC 变换器无法吸收来自高压柔性直流输电系统的功率，DC-DC 变换器上的功率降低到零，高压柔性直流输电系统和中压柔性直流输电系统内部功率均出现不足，高压柔性直流输电系统和中压柔性直流输电系统的直流电压降低。当高压柔性直流输电系统的直流电压下降到 0.975p.u.时，换流站 VSC4 变为定直流电压控制，换流站 VSC4 的有功功率从 260MW 变为 359MW，高压柔性直流输电系统的直流电压稳定在 0.9575p.u.。因为在换流站 VSC1 阻塞之前，换流站 VSC5 已在附加的有功功率信号控制下工作，中压柔性直流输电系统的直流电压有轻微波动，并稳定在 0.965p.u.，换流站 VSC5 的有功功率从 63MW 变为 88.5MW。由于中压柔性直流输电系统的内部功率本身是平衡的，因此 DC-DC 变换器的有功功率仍为零。

在 $t = 1.7$s 时，换流站 VSC1 恢复运行。多电压等级柔性直流系统恢复到功率受限运行模式。换流站 VSC1 的运行功率从 0MW 变为 125MW。此外，换流站 VSC4 变为定功率控制，运行功率从 359MW 降至 260MW。高压柔性直流输电系统的直流电压增加并最终稳定在 1.00p.u.。DC-DC 变换器恢复供电，中压柔性直流输电系统的直流电压增加并稳定在 0.97p.u.。

在 $t=2.0$s 时，系统退出功率受限运行模式，换流站 VSC4 的有功功率设定点返回到初始值。DC-DC 变换器的功率限制取消，DC-DC 变换器的运行功率从 25MW 变为 47.5MW。换流站 VSC4 变为定功率控制，功率参考值从 260MW 变为 200MW。换流站 VSC1 的有功功率从 125MW 变为 207.5MW。系统的直流电压恢复到 1.00p.u.。

6.4.3　分层运行模式仿真

在分层运行模式下，换流站的初始设置与正常运行模式下的相同。

在时间 $t=0.5$s 时，DC-DC 变换器发生故障退出运行。多电压等级柔性直流系统开始以分层运行模式运行。在时间 $t=0.7$s 时，根据调度中心的要求，换流站 VSC3 的有功功率变为–60MW。在时间 $t=1.0$s 时，换流站 VSC6 的有功功率变为 105MW。在时间 $t=1.3$s 处，换流站 VSC7 的有功功率变为 –145MW。在时间 $t=1.5$s 时，换流站 VSC1 由于暂时故障而退出运行，在时间 $t=1.7$s 时恢复运行。图 6-13 为分层运行模式的仿真结果。

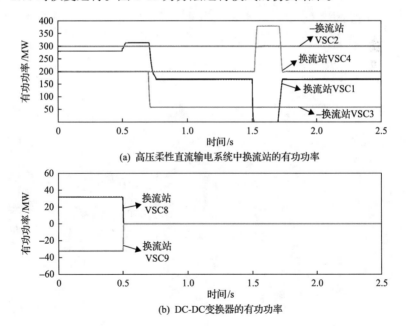

(a) 高压柔性直流输电系统中换流站的有功功率

(b) DC-DC变换器的有功功率

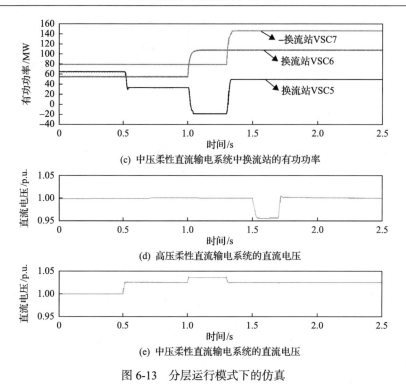

(c) 中压柔性直流输电系统中换流站的有功功率

(d) 高压柔性直流输电系统的直流电压

(e) 中压柔性直流输电系统的直流电压

图 6-13　分层运行模式下的仿真

如图 6-13 和表 6-7 所示，在 $t = 0.5\text{s}$ 时，多电压等级柔性直流系统以分层运行模式运行，DC-DC 变换器上的功率立即从 32MW 变为 0MW。

表 6-7　分层运行模式下换流站的功率、直流电压和系统损耗

参数	0~0.5s	0.5~0.7s	0.7~1.0s	1.0~1.3s	1.3~1.5s	1.5~1.7s
VSC1 功率/MW	280	313	169	169	169	0
VSC2 功率/MW	−300	−300	−300	−300	−300	−300
VSC3 功率/MW	−200	−200	−60	−60	−60	−60
VSC4 功率/MW	200	200	200	200	200	378.5
VSC5 功率/MW	60	27	27	−27	44	44
VSC6 功率/MW	50	50	50	105	105	105
VSC7 功率/MW	−75	−75	−75	−75	−145	−145
VSC8 功率/MW	32	0	0	0	0	0
VSC9 功率/MW	−32	0	0	0	0	0

续表

参数	0~0.5s	0.5~0.7s	0.7~1.0s	1.0~1.3s	1.3~1.5s	1.5~1.7s
高压柔性直流输电系统的直流电压/p.u.	1.00	1.00	1.00	1.00	1.00	0.9575
中压柔性直流输电系统的直流电压/p.u.	1.00	1.025	1.025	1.03	1.025	1.025
高压柔性直流输电系统损耗/MW	12	13	9	9	9	9.5
中压柔性直流输电系统损耗/MW	3	2	2	3	4	4

对于高压柔性直流输电系统,换流站 VSC1 的功率立即变化 33MW,包括 1MW 的损耗,以及高压直流输电系统中的内部功率流变化。在 $t = 0.7$s 时,换流站 VSC3 的有功功率从–200MW 变为–60MW,换流站 VSC1 的运行功率从 313MW 变为 169MW。在仿真过程中,高压柔性直流输电系统的直流电压保持在 1.00p.u.附近。

对于中压柔性直流输电系统,直流电压增加到 1.025p.u.,换流站 VSC5 变为附加的有功功率信号控制,有功功率设定点从 60MW 变为 27MW,以消纳不平衡功率。通过附加的有功功率信号控制,直流电压最终稳定在 1.025p.u.。在 $t = 1.0$s 时,换流站 VSC6 的功率从 50MW 变为 105MW,通过附加的有功功率信号控制,换流站 VSC5 的有功功率设定点从 27MW 变为–27MW,再次消纳了不平衡功率,直流电压稳定在 1.03p.u.。在 $t=1.3$s 时,换流站 VSC7 的功率从–75MW 变为–145MW,通过附加的有功功率信号控制,换流站 VSC5 的有功功率设定点从–27MW 升高至 44MW 以消纳不平衡功率。中压柔性直流输电系统的直流电压稳定在 1.025p.u.。

在 $t=1.5$s 时,换流站 VSC1 由于暂时故障而退出运行,换流站 VSC1 的运行有功功率立即降低为零。高压柔性直流输电系统内部功率不足,其直流电压开始下降。当高压柔性直流输电系统的直流电压降低到 0.975p.u.时,换流站 VSC4 将控制切换为定直流电压控制,换流站 VSC4 的运行有功功率从 200MW 上升为 378.5MW,高压直流电网的直流电压稳定在 0.9575p.u.。因为在换流站 VSC1 退出运行之前,中压柔性直流输电系统的内部功率是平衡的,因此,直流电压仍稳定在 1.025p.u.。

在 $t=1.7$s 时,换流站 VSC1 恢复运行,换流站 VSC1 的运行功率从 0MW 变为 169MW,换流站 VSC4 变为定功率控制,换流站 VSC4 的运行功率从

378.5MW 变为 200MW。高压柔性直流输电系统的直流电压增加并最终稳定在 1.00p.u.。中压柔性直流输电系统的直流电压稳定在 1.025p.u.。

通过仿真分析可知，当多电压等级柔性直流系统在分层运行模式下运行时，高压柔性直流输电系统可以通过本地控制平衡内部功率流，并通过其主换流站保持直流电压的稳定。中压柔性直流输电系统通过自身的附加的有功功率信号控制可以平衡其内部功率流，并将直流电压的波动保持在较小范围内。

通过分析城市电网升级改造内在需求，考虑未来柔性直流输电系统在城市电网中的应用，本章介绍了用于城市电网增容改造的多电压等级柔性直流系统架构，并介绍了三种适用于不同工况的运行模式：正常运行模式、功率受限运行模式以及分层运行模式。在正常运行模式下，所介绍的控制策略可以使多电压等级柔性直流系统内部的功率流保持平衡，并在接收可再生能源发电和应对城市负荷波动方面具备良好的性能；功率受限运行模式用于在紧急情况下为城市交流输电网供电。通过功率受限运行模式下的组合控制，用于城市电网增容改造的多电压等级柔性直流系统可以在其交流侧保持一定的功率裕量以保障支持城市高压交流输电电网的能力；分层运行模式旨在处理 DC-DC 变换器故障造成的多电压等级柔性直流系统分层运行。在分层运行模式下，多电压等级柔性直流系统可以在 DC-DC 变换器不进行功率交换的情况下维持其内部功率平衡和直流电压的稳定。仿真结果验证了三种运行方式以及其相对应的控制策略的有效性。

参 考 文 献

[1] Fang C L. New structure and new trend of formation and development of urban agglomerations in China[J]. Scientia Geographica Sinica, 2011, 31(9): 1025-1035.

[2] 王旭. 美国城市发展模式: 从城市化到大都市区化[M]. 北京: 清华大学出版社, 2006.

[3] 赵越, 徐建中, 赵成勇. 基于架空线的城市电网紧凑化输电增容方案[J]. 电力系统自动化, 2016, 40(2): 121-126.

[4] Larruskain D M, Zamora L, Abarrategui O, et al. Conversion of AC distribution lines into DC lines to upgrade transmission capacity[J]. Electric Power System Research, 2011, 81(7): 1341-1348.

[5] 徐贤, 丁涛, 万秋兰. 限制短路电流的 220kV 电网分区优化[J]. 电力系统自动化, 2009, 33(22): 98-101.

[6] 王一振, 赵彪, 袁志昌. 柔性直流技术在能源互联网中的应用探讨[J]. 中国电机工程学报, 2015, 35(14): 3551-3560.

[7] Patterson B T. DC, come home: DC microgrids and the birth of the "enernet"[J]. IEEE Power and Energy Magazine, 2012, 10(6): 60-69.

[8] 马世英, 梁才浩, 张东霞. 适用于大中城市电网的无功规划原则[J]. 电网技术, 2009, 33(12): 49-53.

[9] 高凯, 阳岳西, 张艳军. 适用于城市电网的柔性环网控制器拓扑方案研究[J]. 电网技术, 2016, 40(1): 78-85.

[10] Ren J G, Li K G. A multi-point DC voltage control strategy of VSC-MTDC transmission system for integrating large scale offshore wind power[C]. Innovative Smart Grid Technologies-Asia(ISGT Asia), Tianjin, 2012: 1-4.

[11] 袁旭峰, 程时杰. 多端直流输电技术及其发展[J]. 电力系统保护与控制, 2006, 34(19): 61-70.

[12] 徐政, 陈海荣. 电压源换流器型直流输电技术综述[J]. 高电压技术, 2007, 33(1): 1-10.

[13] 李胜. 柔性直流技术在城市电网中应用研究[D]. 北京: 华北电力大学, 2009.

[14] Wang Z D, Li K J, Ren J G, et al. A coordination control strategy of voltage-source-converter-based MTDC for offshore wind farms[J]. IEEE Transactions on Industry Applications, 2015, 51(4): 2743-2752.

[15] Guo X, Deng M, Wang K. Characteristics and performance of Xiamen VSC-HVDC transmission demonstration project[C]. 2016 IEEE International Conference on High Voltage Engineering and Application (ICHVE), Chengdu, 2016.

[16] Li X, Yuan Z, Fu J, et al. Nanao multi-terminal VSC-HVDC project for integrating large-scale wind generation[C]. 2014 IEEE PES General Meeting| Conference & Exposition, National Harbor, 2014.

[17] Jie Z, Liu H B, Rui X, et al. Research of DC circuit breaker applied on Zhoushan multi-terminal VSC-HVDC project[C]. 2016 IEEE PES Asia-Pacific Power and Energy Engineering Conference(APPEEC), Xi'an, 2016: 1636-1640.

[18] 肖峻, 伊丽达, 郭伟, 等. 城市电网分区柔性互联的概念与示范工程论证[J]. 供用电, 2016, 33(8): 2-6.

[19] 肖峻, 蒋迅, 黄仁乐, 等. 城市电网分区柔性互联装置的定容方法[J]. 电力系统自动化, 2018, 42(2): 99-105.

[20] 肖峻, 蒋迅, 郭伟, 等. 分区柔性互联城市电网的最大供电能力分析[J]. 电力自动化设备, 2017, 37(8): 66-73.

[21] 唐晓骏, 韩民晓, 谢岩, 等. 应用于城市电网分区互联的柔性直流容量和选点配置方法[J]. 电网技术, 2019(5): 1709-1716.

[22] Pan J, Callavik M, Lundberg P, et al. A subtransmission metropolitan power grid: Using high-voltage dc for enhancement and modernization[J]. IEEE Power and Energy Magazine, 2019, 17(3): 94-102.

[23] Bianchi F D, Domínguez-García J L, Gomis-Bellmunt O. Control of multi-terminal HVDC networks towards wind power integration: A review[J]. Renewable and Sustainable Energy Reviews, 2016, 55: 1055-1068.

[24] Lu M, Lin W X, Yao L Z, et al. Multiport back-to-back dc-dc converting systems[J]. Proceedings of the CSEE, 2015, 35(5): 1024-1031.

[25] Barker C D, Davidson C C, Trainer D R, et al. Requirements of DC-DC converters to facilitate large DC grids[C]. CIGRE, SC B4 HVDC and Power Electronics, Paris, 2012.

[26] Yan W N, Li K J, Wang Z D. Strategy of balanced control based on additional active power signal for VSC-MTDC system[J]. Electric Power Automation Equipment, 2016, 36(2): 32-39.

[27] Liu Y, Chen Z. A flexible power control method of VSC-HVDC link for the enhancement of effective short-circuit ratio in a hybrid multi-infeed HVDC system[J]. IEEE Transactions on Power Systems, 2012, 28(2): 1568-1581.

[28] Soltau N, Stagge H, de Doncker R W, et al. Development and demonstration of a medium-voltage high-power DC-DC converter for DC distribution systems[C]. 2014 IEEE 5th International Symposium on Power Electronics for Distributed Generation Systems(PEDG), Galway, 2014: 1-8.

[29] Sun K, Li K J, Sun H, et al. Operation modes and combination control for urban multivoltage-level DC grid[J]. IEEE Transactions on Power Delivery, 2017, 33(1): 360-370.

第7章 包含多个 DC-DC 变换器的多电压等级柔性直流系统

7.1 引　言

随着越来越多的柔性直流输电工程的建立，与交流电网发展类似，为了提高运行可靠性和调度灵活性，这些在现有交流电网内部存在的双端或多端直流输电网络将逐步演化组成多电压等级柔性直流系统。相比结构简单、运行方式相对固定的双端直流输电系统，多电压等级柔性直流系统在系统运行的可靠性、调控的灵活性、应用场景的多元性等方面具有独特的技术优势。

作为在不同电压水平之间传输能量的必要设备，随着高压全控型半导体技术的不断发展，DC-DC 变换器在柔性直流输电系统中扮演着举足轻重的角色[1-3]。作为一种通用设备，DC-DC 变换器可实现具有不同电压等级的柔性直流输电系统的互联。目前关于 DC-DC 变换器的研究主要集中在高功率 DC-DC 变换器的拓扑上[4]。针对多端直流输电系统中的 DC-DC 变换器在不同应用场景下的运行工况，部分研究也提出了相应的控制策略[5]。

与交流系统中传统变压器的功能相比，DC-DC 变换器具有较高的可控性。除了用作不同电压等级的柔性直流输电系统之间能量传输的设备外，DC-DC 变换器还可以作为不平衡功率隔离和控制装置。当某个直流系统发生不平衡故障时，可以控制 DC-DC 变换器以防止功率振荡传播到其他直流系统，从而防止级联故障的发生[6]。随着多电压等级柔性直流系统中 DC-DC 变换器数量的增加，DC-DC 变换器可以用作控制单元并参与到多电压等级柔性直流系统的能量管理。通过相应的 DC-DC 变换器控制策略，在发生不平衡故障时，可以控制 DC-DC 变换器以防止功率振荡传播，也可以控制 DC-DC 变换器针对不同的控制目标将功率振荡传播到指定的直流系统，以实现优化功率流或抑制功率振荡的目的，从而提高多电压等级柔性直流系统的灵活性和控制性[7-12]。

本章针对包含多个 DC-DC 变换器的多电压等级柔性直流系统，介绍一种多 DC-DC 变换器协调控制策略[13]。该策略包括两项控制功能。

（1）自适应运行切换控制，为 DC-DC 变换器提供自动切换其运行模式的能力，以适应不同的多电压等级柔性直流系统运行情况。

（2）多 DC-DC 变换器协调控制，保证多电压等级柔性直流系统在不同运行工况下的稳定性。此外，在协调控制中采用一种不平衡功率最优分布方法，以优化不平衡功率分配。通过多 DC-DC 变换器协调控制，可调控多个 DC-DC 变换器上的功率流，从而实现不平衡功率的最优分配。

7.2　DC-DC 变换器自适应运行切换控制

本章所采用的 DC-DC 变换器拓扑与第 6 章采用的 DC-DC 变换器拓扑相同。

DC-DC 变换器由 DC-AC 变换器、AC-DC 变换器和一个交流变压器组成。DC-DC 变换器中采用 MMC。在 DC-DC 变换器中，AC-DC 变换器通常工作在定频率控制和定交流电压控制下，以保持 DC-DC 变换器内部频率和交流电压稳定。因此，DC-DC 变换器的控制目标取决于 DC-AC 变换器的控制。DC-AC 变换器常规配置为定直流电压控制或定功率控制。采用定直流电压控制的 DC-AC 变换器作为主变换器，以控制其连接的多端直流输电系统中的直流电压；采用定功率控制的 DC-AC 变换器通常用于功率传输，为负载区域提供功率支持。无论 DC-AC 变换器配置了哪种控制策略，在一般运行工况下其控制策略都保持不变，如需切换应遵循调度中心的指令。

然而，在多电压等级柔性直流系统运行时，不同电压水平的直流输电系统或相同电压水平的多个直流输电系统之间可能需要在短时间内多次切换 DC-DC 变换器的控制策略以满足运行要求。传统的 DC-AC 变换器控制已无法适用于多电压等级柔性直流系统不同运行工况下的 DC-DC 变换器。首先，直流电压、电流变化迅速，而由于通信延迟和调度中心做出判断需要时间窗口，DC-DC 变换器的控制策略切换存在控制延迟问题；其次，当多电压等级柔性直流系统中存在新增 DC-DC 变换器需求时，新的 DC-DC 变换器集成将导致调度中心的控制逻辑发生变化；最后，DC-DC 变换器与调度中心之间的数据交换可能存在通信故障或安全风险，从而导致潜在的控制故障风险。

基于 DC-DC 变换器的本地功率调节控制，自适应运行切换控制配置在 DC-DC 变换器的 DC-AC 变换器中。自适应运行切换控制旨在为 DC-DC 变换

器提供自动切换其控制策略的能力，从而提高 DC-DC 变换器的灵活性，并使
DC-DC 变换器能够满足多电压等级柔性直流系统在不同运行情况下的控制
需求。与现有的 DC-DC 变换器控制不同，所提出的自适应运行切换控制可以
根据多电压等级柔性直流系统运行条件自动切换其所需要的控制策略，同时，
DC-DC 变换器仍可以按照调度中心的指令进行相应的调节。

　　自适应运行切换控制的直流电压-有
功功率特性曲线如图 7-1 所示，其中 U_0、
P_0、U_{tr} 和 P_{tr} 是直流电压初始值、有功功
率初始值、直流电压的阈值和有功功率
的阈值。

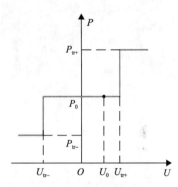

　　在初始状态下，DC-DC 变换器以定
功率控制工作并通过自适应运行切换控
制设置直流电压阈值。当调度中心发出
控制策略切换指令时，自适应运行切换
控制会将 DC-DC 变换器的控制策略从
定功率控制切换为定直流电压控制。如
果无调度指令，但 DC-DC 变换器的直流

图 7-1　自适应运行切换控制的
直流电压-有功功率特性曲线

电压达到了直流电压阈值，自适应运行切换控制亦自动将 DC-DC 变换器的控
制策略从定功率控制切换为定直流电压控制，且定直流电压控制的直流电压
参考值为自适应运行切换控制的直流电压阈值。直流电压阈值 U_{tr} 的设置规则
和功率阈值 P_{tr} 的设置规则可表示为

$$\begin{cases} U_{tr+} + U_\delta < (1 + \varepsilon\%) \times U_0 \\ U_{tr-} - U_\delta > (1 - \varepsilon\%) \times U_0 \end{cases} \tag{7-1}$$

$$\begin{cases} P_{tr+} + P_\delta < P_{limit}^{upper} \\ P_{tr-} - P_\delta > P_{limit}^{lower} \end{cases} \tag{7-2}$$

其中，$\varepsilon\%$ 为 DC-DC 变换器所连接的中压柔性直流输电系统可以承受的最大
直流电压变化百分比；U_δ 为考虑到传输损耗的安全直流电压阈值；P_{limit}^{upper} 为
DC-DC 变换器的最大功率限值；P_{limit}^{lower} 为 DC-DC 变换器的最小功率限值；
P_δ 为考虑传输损耗的安全功率阈值。

　　图 7-2 为包含自适应运行切换控制的 DC-AC 变换器控制框图。在图 7-2

中，将电压逆变方向定义为正电流方向，U 为直流电压，Q 为无功功率，Q_0 为无功功率初始值，I_d 和 I_q 分别为 d 轴和 q 轴的电流，V_d 和 V_q 分别为 d 轴和 q 轴的电压，M_d 和 M_q 分别为电压调制波的 d 轴和 q 轴分量。

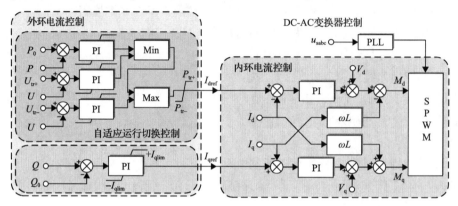

图 7-2　包含自适应运行切换控制的 DC-AC 变换器控制框图

如图 7-2 所示，自适应运行切换控制通过更改有功功率基准或限制有功功率控制，来满足 DC-DC 变换器在不同工作条件下的不同工作要求。内环电流控制可以始终将电流保持在安全运行范围内，从而防止 DC-AC 变换器的控制角变化超过极限。

7.3　多 DC-DC 变换器协调控制策略

7.3.1　DC-DC 变换器运行工况

理想情况下，DC-DC 变换器应在定直流电压控制下工作。每个 DC-DC 变换器控制一个中压柔性直流输电系统的直流电压。此控制策略非常灵活，除了高压柔性直流输电系统的直流电压控制换流站外，多电压等级柔性直流系统中每个变换器的功率流都可精确控制。然而，其不足之处是失去了 DC-DC 变换器的不平衡功率隔离功能。当多电压等级柔性直流系统遭受扰动时，难以防止级联故障。因此，参与构建多电压等级柔性直流系统的 DC-DC 变换器大都被设计为在正常工况下以定功率控制工作，功率传输固定，高压和中压直流输电系统各自独立工作。尽管失去了一定程度的灵活性，但这种控制策略依然可以防止功率振荡传播。

通过自适应运行切换控制，多电压等级柔性直流系统中的每个 DC-DC 变换器皆可在定直流电压控制或定功率控制下工作，并具备根据运行工况自动切换的能力，根据不同的运行需求，既可以在网内控制功率扰动，还可以防止干扰传播到一个或多个直流电网中，以实现分散不平衡功率影响或保护重点负荷区的目的。DC-DC 变换器的这种灵活的控制能力可用于加强正常运行下的功率流或优化故障情况下的应急电源支持。考虑到高压柔性直流输电系统和中压柔性直流输电系统之间存在的典型运行工况，本章提出多电压等级柔性直流系统运行工况，如图 7-3 所示。

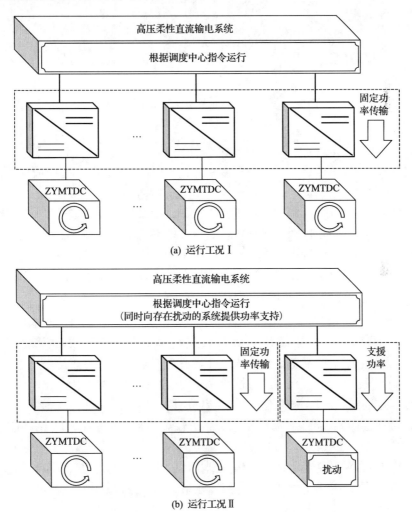

(a) 运行工况 I

(b) 运行工况 II

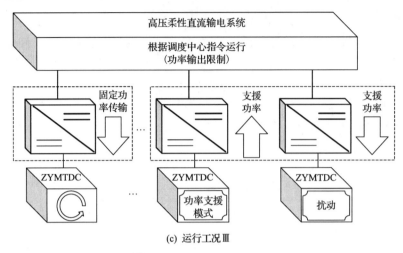

(c) 运行工况Ⅲ

图 7-3　多电压等级柔性直流系统运行工况

ZYMTDC: 中压柔性直流输电系统

1) 运行工况 Ⅰ

多电压等级柔性直流系统的第一种运行工况即 DC-DC 变换器固定从高压柔性直流输电系统向中压柔性直流输电系统传输功率,其传输功率完全根据调度中心的调度信号调整。在这种情况下,如果一个中压柔性直流输电系统中发生干扰,则可以通过中压柔性直流输电系统的内部换流器控制来平衡干扰。高压柔性直流输电系统和其他中压柔性直流输电系统将不对受干扰的中压柔性直流输电系统提供任何功率支持,受干扰的中压柔性直流输电系统所连接的 DC-DC 变换器仍将按原计划运行。

2) 运行工况 Ⅱ

多电压等级柔性直流系统的第二种运行工况即一个中压柔性直流输电系统内部遭遇了严重的扰动,如中压柔性直流输电系统中的定直流电压站中断运行。由于扰动较大,该中压柔性直流输电系统无法平衡干扰。此时,自适应运行切换控制工作,从高压柔性直流输电系统向中压柔性直流输电系统传输的功率从固定传输切换为不固定传输,连接受到扰动的中压柔性直流输电系统的 DC-DC 变换器中的 DC-AC 变换器工作于定直流电压模式。在这种情况下,高压柔性直流输电系统将为受到扰动的中压柔性直流输电系统提供额外的功率支持,而其他中压柔性直流输电系统仍按原计划工作。

3) 运行工况 Ⅲ

多电压等级柔性直流系统的第三种运行工况是第二种运行工况的极端情

况。如果一个中压柔性直流输电系统遭遇了严重的扰动，同时，由于 DC-DC 变换器的功率传输限制，高压柔性直流输电系统无法向受到扰动的中压柔性直流输电系统供电，但是，该中压柔性直流输电系统连接着重要设施，如医院或高科技工业园区，这意味着必须保证电源，为了解决此问题，在这种运行工况下，其他中压柔性直流输电系统将以功率支援模式工作，并根据调度中心的调度信号控制 DC-DC 变换器为受干扰的中压柔性直流输电系统供电。

　　本章所概述的多电压等级柔性直流系统的三种运行工况基本涵盖了高压柔性直流输电系统和中压柔性直流输电系统之间的典型运行工况。在这些运行工况下，需要讨论多个 DC-DC 变换器之间的协调控制。针对该问题，本章介绍一种基于自适应运行切换控制的多 DC-DC 变换器协调控制策略。同时，在多 DC-DC 变换器协调控制中介绍一种不平衡功率最优分布方法来实现优化后的需求分配。

7.3.2　多 DC-DC 变换器协调控制

　　多 DC-DC 变换器协调控制的流程图如图 7-4 所示。

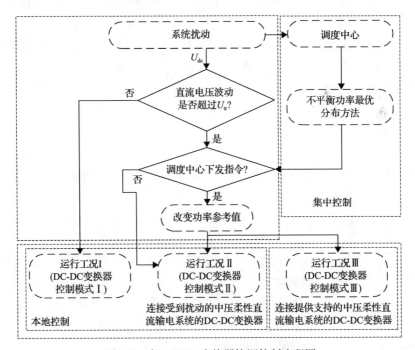

图 7-4　多 DC-DC 变换器协调控制流程图

多电压等级柔性直流系统工作在运行工况Ⅰ时，DC-DC 变换器将在控制模式Ⅰ下工作。DC-DC 变换器根据调度中心指令传输固定的功率。

多电压等级柔性直流系统工作在运行工况Ⅱ时，与受干扰的中压柔性直流输电系统连接的 DC-DC 变换器会将自动从控制模式Ⅰ切换为控制模式Ⅱ运行。

多电压等级柔性直流系统工作在运行工况Ⅲ时，与受干扰的中压柔性直流输电系统连接的 DC-DC 变换器将切换到控制模式Ⅰ下运行，调度中心将根据不平衡功率最优分布方法，通过 DC-DC 变换器的自适应运行切换控制，协调其他中压柔性直流输电系统，为受干扰的中压柔性直流输电系统提供功率支持，或将不平衡功率转移到其他中压柔性直流输电系统。

7.3.3　多 DC-DC 变换器协调控制不平衡功率最优分布方法

在大多数情况下，当一个中压柔性直流输电系统内部出现严重扰动时，高压柔性直流输电系统可以通过调整其连接的 DC-DC 变换器的控制模式（从控制模式Ⅰ切换为控制模式Ⅱ）来消除中压柔性直流输电系统中发生的干扰。然而，在一些极端情况下，高压柔性直流输电系统可能处于接近满功率运行的情况。此时，当一个中压柔性直流输电系统内部出现严重扰动时，由于高压柔性直流输电系统的输出功率限制，其可能无法为受干扰的中压柔性直流输电系统提供足够的功率支援。这就需要另一个或几个中压柔性直流输电系统参与到功率支援模式中，以保持受干扰的中压柔性直流输电系统的稳定运行。

此外，中压柔性直流输电系统中发生功率不平衡事件将导致其连接的外部交流系统也出现功率振荡。有两种解决方案可以减少或消除功率振荡。第一种解决方案是支持与该受干扰的交流系统连接的其他交流系统，以消除通过交流网络传输的功率振荡。但是，由于交流网络的结构多样和功率流不可控，该解决方案存在许多不确定性。第二种解决方案是通过其连接的 DC-DC 变换器来支持中压柔性直流输电系统。由于 DC-DC 变换器的可控性，该解决方案是可行的。但是，此解决方案也存在一些问题。如果调度中心选择了一个 DC-DC 变换器，其所连接的中压柔性直流输电系统也连接到与受干扰的中压柔性直流输电系统相同的交流系统，或者连接到与受干扰的中压柔性直流输电系统具有较短电气距离的交流系统，则它可能不会带来对这一不平衡事件的积极影响。另外，所选的 DC-DC 变换器应具有功率限制，以避免在功率支持过程中由于分配的不平衡功率过多而引起大功率振荡。

　　不平衡功率最优分布方法的目的是选择一些对受扰动的中压柔性直流输电系统能提供最有价值的功率支援的 DC-DC 变换器。同时，这些 DC-DC 变换器所连接的中压柔性直流输电系统及其外部交流系统在提供功率支援的同时不会对自身运行造成较大影响。

　　在不平衡功率最优分布方法中，采用多馈入交互作用因子(multi-infeed interaction factor，MIIF)作为选择 DC-DC 变换器的指标。MIIF 通常被认为是衡量多馈入交直流系统中直流系统之间的相互作用的重要指标。MIIF 可以表示为

$$MIIF_{xy} = \frac{\Delta U_x}{\Delta U_y} \tag{7-3}$$

其中，ΔU_x 和 ΔU_y 分别为在总线 x 处观察到的电压变化和在总线 y 处观察到的电压变化。

　　一些研究已经表明，MIIF 随着直流系统落点之间电气距离的减小而增加。MIIF 越高，两个直流系统落点之间的电气距离越短。如果一个直流系统中发生功率振荡，MIIF 高的相邻直流系统也将受到更大的影响。相反，MIIF 越小，则意味着两个直流系统落点之间的电气距离越长，当一个直流系统中发生功率振荡时，另一个直流系统受到的影响也较小。一般而言，如果 MIIF 小于 0.15，则可以认为两个直流系统的落点之间没有相互作用。因此，选择与受扰动的中压柔性直流输电系统的外接交流系统具有较长电气距离的中压柔性直流输电系统，调节该系统的 DC-DC 变换器以应对受扰动中压柔性直流输电系统的内部功率振荡，可以更有效地抑制不平衡事件。本章所提出的不平衡功率最优分布方法即将受扰动系统的不平衡功率优化分配到多个相对受影响或相对互相影响较小的中压柔性直流输电系统，从而在高压柔性直流输电系统恢复支援能力前，既保障受扰动中压柔性直流输电系统的运行稳定性，也保证其他提供功率支援的中压柔性直流输电系统的安全稳定运行。本章所提出的不平衡功率最优分布方法的控制流程图如图 7-5 所示。

　　不平衡功率最优分布方法第一过程是计算受干扰的中压柔性直流输电系统的交流系统内落点与其他拟定提供功率支持的中压柔性直流输电系统的交流系统内落点之间相互作用的指标 MIIF。在中压柔性直流输电系统存在连接至多个交流系统的情况下，采用加权平均的 MIIF 可以保持中压柔性直流输

电系统和 DC-DC 变换器个数的一一对应。加权平均的 MIIF 可以表示为

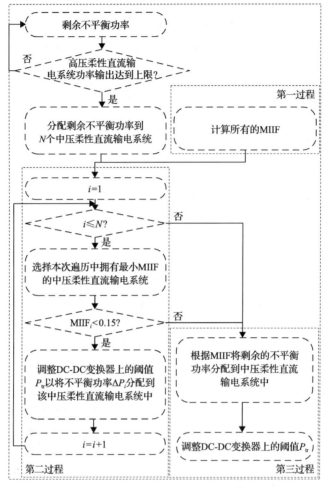

图 7-5　不平衡功率最优分布方法控制流程图

$$\text{MIIF}_{\text{weave}} = \frac{\sum\limits_{i=1}^{N} P_{\text{ad-}i} \times \text{MIIF}_i}{\sum\limits_{i=1}^{N} P_{\text{ad-}i}} \tag{7-4}$$

其中，$\text{MIIF}_{\text{weave}}$ 为加权平均的 MIIF；$P_{\text{ad-}i}$ 为中压柔性直流输电系统中第 i 个换流站的可调功率容量；MIIF_i 为与中压柔性直流输电系统中第 i 个换流站相

连的交流系统和受扰动中压柔性直流输电系统连接的交流系统之间的 MIIF。计算完所有 MIIF 之后,不平衡功率最优分布方法的第二过程是比较所有计算得到的 MIIF,并选择具有最小 MIIF 的中压柔性直流输电系统。如果最小的 MIIF 小于 0.15,则表示此中压柔性直流输电系统的直流落点与受扰动的中压柔性直流输电系统的直流落点之间没有相互作用。通过不平衡功率最优分布方法设置 DC-DC 变换器的功率设定值 P_{or},可以将尽可能多的不平衡功率分配给该中压柔性直流输电系统。由于该中压柔性直流输电系统中只有一个主换流站以定直流电压控制工作,因此功率设定值 P_{or} 不应超过主换流站的容量,也不应使主换流站的控制策略发生变化。功率设定值 P_{or} 可以表示如下:

$$\begin{cases} 0 \leqslant P_{\text{m-op}} + \Delta P_{or} \leqslant P_{\text{m-capacity}}, & P_{\text{m-op}} \geqslant 0 \\ P_{\text{m-capacity}} \leqslant P_{\text{m-op}} + \Delta P_{or} \leqslant 0, & P_{\text{m-op}} < 0 \end{cases} \tag{7-5}$$

其中,$P_{\text{m-op}}$、$P_{\text{m-capacity}}$ 和 ΔP_{or} 分别为主换流站的工作功率值、主换流站的容量以及新功率设定值和旧功率设定值之间的偏差。在将不平衡功率分配到具有最小 MIIF 的中压柔性直流输电系统之后,不平衡功率最优分布方法将继续选择具有次最小 MIIF 的中压柔性直流输电系统,并重复不平衡功率最优分布方法的第二过程,直到消除不平衡功率。如果 MIIF 大于等于 0.15,则表明中压柔性直流输电系统在交流系统内的落点与受到扰动的中压柔性直流输电系统在交流系统内的落点之间有一定程度的交互作用。根据 MIIF,不平衡功率最优分布方法的第三过程是将不平衡功率分配到这些中压柔性直流输电系统中。MIIF 的不平衡功率最优分布方法第三过程可以表示为

$$P_{or-i} = P_{\text{r-ub}} \times \frac{1}{\text{MIIF}_i \times \sum_{i=1}^{M} \frac{1}{\text{MIIF}_i}} \tag{7-6}$$

其中,$P_{\text{r-ub}}$ 为不平衡功率最优分布方法的两个控制过程之后的剩余不平衡功率;P_{or-i} 为第 i 个 DC-DC 变换器的功率设定值 P_{or};M 为剩余可以参与功率支援的中压柔性直流输电系统的数量。

通过多 DC-DC 变换器协调控制,多电压等级柔性直流系统可以实现多个中压柔性直流输电系统的协调控制。当中压柔性直流输电系统出现功率扰动,且该扰动传播到多电压等级柔性直流系统时,多 DC-DC 变换器协调控制将协调其他中压柔性直流输电系统,实现对受干扰的中压柔性直流输电系统的功

率支持，从而防止受扰动的系统出现不可逆的严重故障。当受扰动的中压柔性直流输电系统不可避免地发生严重故障时，或者由于功率限制，高压柔性直流输电系统无法为受扰动的中压柔性直流输电系统提供足够的功率支援时，多DC-DC变换器协调控制还可通过优化分配不平衡功率，保护多电压等级柔性直流系统的其余部分正常运行，从而进一步提高了多电压等级柔性直流系统的运行稳定性。

7.4　仿 真 分 析

本节将在PSCAD/EMTDC中研究包含三个DC-DC变换器的八端柔性直流输电系统，以验证所提出的DC-DC自适应运行切换控制和多DC-DC变换器协调控制。系统拓扑如图 7-6 所示。在仿真系统中，高压柔性直流输电系统的直流电压为±100kV，中压柔性直流输电系统的直流电压为±50kV。各个换流站的容量如表 7-1 所示。中压柔性直流输电系统中的各换流站的 MIIF 如表 7-2 所示。假设通信及控制判断总延时为 100ms。

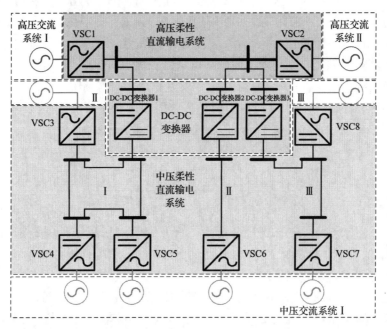

图 7-6　八端柔性直流输电系统拓扑图

表 7-1　换流站容量

换流站	VSC1	VSC2	VSC3
容量/(MV·A)	500	400	100
换流站	VSC4	VSC5	VSC6
容量/(MV·A)	70	50	80
换流站	VSC7	VSC8	
容量/(MV·A)	80	60	

表 7-2　各换流站落点之间的 MIIF

换流站-换流站	VSC3-VSC4	VSC3-VSC5	VSC3-VSC6
MIIF	0	0	0
换流站-换流站	VSC3-VSC7	VSC3- VSC8	VSC4-VSC5
MIIF	0	0	0.9
换流站-换流站	VSC4-VSC6	VSC4-VSC7	VSC4-VSC8
MIIF	0.4	0.2	0
换流站-换流站	VSC5-VSC6	VSC5-VSC7	VSC5-VSC8
MIIF	0.6	0.3	0
换流站-换流站	VSC6-VSC7	VSC6-VSC8	VSC7-VSC8
MIIF	0.5	0	0

如图 7-6 所示，VSC1 在定直流电压控制下工作。VSC1 的直流电压设定点为 200kV。VSC2 在定功率控制下工作。VSC1 和 VSC2 的直流电压运行安全范围为 170~230kV。VSC3 在定直流电压控制下工作。VSC3 的直流电压设定点为 100kV。VSC4 和 VSC5 在定功率控制下工作。VSC3~VSC5 的直流电压运行安全范围为 80~120kV。VSC6 和 VSC7 在定直流电压控制下工作。直流电压设定点为 100kV。VSC8 在定功率控制下工作。VSC6~VSC8 的安全直流电压范围与 VSC3 相同。DC-DC 变换器的最大直流电压变化百分比 $\varepsilon\%$ 为 5%，DC-DC 变换器的最大功率限制和最小功率限制分别为 150MW 和 20MW。

7.4.1 DC-DC 变换器自适应运行切换控制和运行模式分析

仿真 1 用于验证 DC-DC 变换器的自适应运行切换控制和多电压等级柔性直流系统运行模式。在仿真 1 中，假定当中压柔性直流输电系统需要高压柔性直流输电系统的功率支持时，高压柔性直流输电系统能提供的功率支持没有限制。

表 7-3 为仿真 1 中各个换流站 DC-DC 变换器的初始有功功率设定点，其中换流站功率流以交流系统到直流系统为正方向，DC-DC 变换器上的功率流以从高压柔性直流输电系统到中压柔性直流输电系统的功率为正方向。

表 7-3　换流站和 DC-DC 变换器初始有功功率设定点 (仿真 1)

换流站和 DC-DC 变换器		初始有功功率设定点/MW
换流站	VSC2	−70
	VSC4	−30
	VSC5	−30
	VSC8	−60
DC-DC 变换器	DC-DC 变换器 1	90
	DC-DC 变换器 2	70
	DC-DC 变换器 3	90

t=0.5s 时，VSC4 的功率从−30MW 调整为−40MW。在时间 t=0.7s 时，VSC2 的功率从−70MW 调整到−100MW。在时间 t=1.0s 时，VSC3 由于暂时性故障而退出运行，并在 t=1.5s 时恢复运行。图 7-7 显示了仿真结果。由于 VSC6~VSC8、DC-DC 变换器 2 和 DC-DC 变换器 3 的直流电压或功率没有变化，因此图中未显示仿真结果。图 7-7(a) 中的−VSC2 表示 VSC2 的潮流方向为直流系统到交流系统。

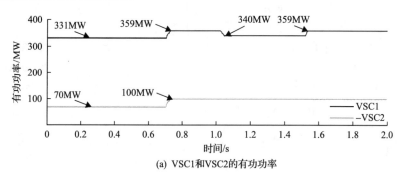

(a) VSC1和VSC2的有功功率

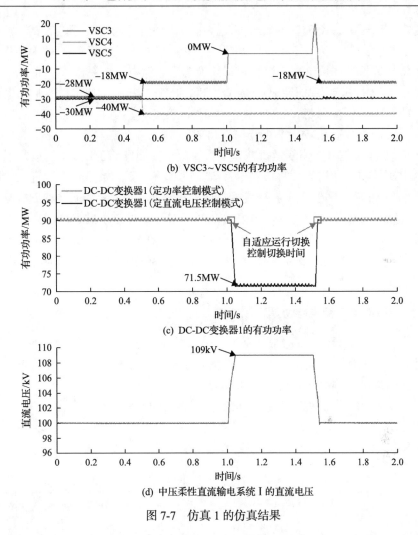

(b) VSC3~VSC5 的有功功率

(c) DC-DC 变换器 1 的有功功率

(d) 中压柔性直流输电系统 I 的直流电压

图 7-7　仿真 1 的仿真结果

如图 7-7 所示,在 $t=0.5$s 时,VSC4 的有功功率从–30MW 调整为–40MW。为了保证中压柔性直流输电系统 I 的直流电压稳定,VSC3 的运行有功功率从–28MW 变为–18MW。在 $t=0.7$s 时,VSC2 的有功功率从–70MW 调整为–100MW。为了保证高压柔性直流输电系统的直流电压稳定,VSC1 的运行有功功率从 331MW 上升至 359MW。在上述两个换流站的功率变化期间,DC-DC变换器 1 一直工作于定功率控制模式,如图 7-7(c) 所示,DC-DC 变换器 1 的功率固定为 90MW。

$t=1.0$s 时,VSC3 由于暂时性故障而退出运行,有功功率立即从–18MW

变为零。由于失去了定直流电压控制，中压柔性直流输电系统 I 的直流电压增加，超过了 105kV。DC-DC 变换器自适应运行切换控制启动，DC-DC 变换器 1 将其运行模式从定功率控制模式切换为定直流电压控制模式。DC-DC 变换器 1 上的功率流从固定功率 90MW 降低到 71.5MW，中压柔性直流输电系统 I 的直流电压最后稳定在 109kV。由于改变了 DC-DC 变换器 1 上的功率流，VSC1 的功率从 359MW 降至 340MW。

　　t=1.5s 时，VSC3 恢复运行并以定直流电压控制开始工作。由于恢复了定直流电压控制，中压柔性直流输电系统 I 的直流电压开始下降。当直流电压降低到 105kV 以下时，DC-DC 变换器的自适应运行切换控制将 DC-DC 变换器 1 的运行模式改为定功率控制模式，DC-DC 变换器 1 上的运行功率恢复到其参考值。VSC1 的功率从 340MW 增加到 359MW。通过 VSC3 的定直流电压控制，中压柔性直流输电系统 I 的直流电压最终稳定在 100kV，VSC3 的功率稳定在–18MW。

7.4.2　多 DC-DC 变换器协调控制策略

　　仿真 2 用于验证多 DC-DC 变换器协调控制策略。在仿真 2 中，假定中压柔性直流输电系统需要高压柔性直流输电系统提供的功率支援具有传输限制。在本次仿真中，功率限制设置为 30MW。

　　表 7-4 为仿真 2 中换流站和 DC-DC 变换器的初始有功功率设定点，其中换流站功率流以交流系统到直流系统为正方向，DC-DC 变换器上的功率流以从高压柔性直流输电系统到中压柔性直流输电系统的功率为正方向。

表 7-4　换流站和 DC-DC 变换器初始有功功率设定点(仿真 2)

换流站和 DC-DC 变换器		初始有功功率设定点/MW
换流站	VSC2	–100
	VSC4	–40
	VSC5	–30
	VSC8	–25
DC-DC 变换器	DC-DC 变换器 1	90
	DC-DC 变换器 2	80
	DC-DC 变换器 3	–50

　　t = 1.0s 时，VSC7 由于暂时故障而退出运行，在 t = 1.5s 时，VSC7 恢复运行。图 7-8 显示了仿真 2 的仿真结果。由于 VSC2 和 VSC8 的直流电压或

功率没有变化，图 7-8 未显示仿真结果。

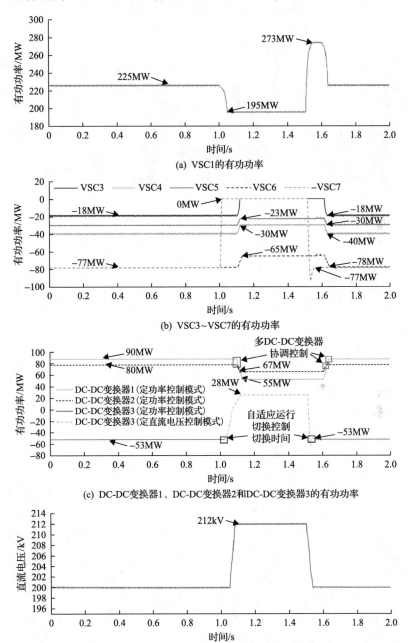

(a) VSC1的有功率

(b) VSC3~VSC7的有功率

(c) DC-DC变换器1、DC-DC变换器2和DC-DC变换器3的有功率

(d) 高压柔性直流输电系统的直流电压

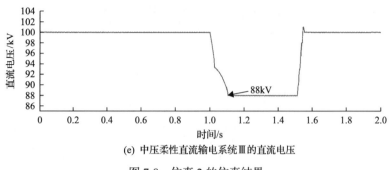

(e) 中压柔性直流输电系统Ⅲ的直流电压

图 7-8 仿真 2 的仿真结果

如图 7-8 所示，在 $t=1.0s$ 时，VSC7 由于暂时故障而退出运行，有功功率立即从 77MW 降低到零。由于 VSC7 退出运行，中压柔性直流输电系统中没有换流站控制电压，中压柔性直流输电系统Ⅲ的直流电压降低并低于 95kV。DC-DC 变换器 3 上的自适应运行切换控制启用，DC-DC 变换器 3 将其运行模式从定功率控制模式更改为定直流电压控制模式，DC-DC 变换器 3 的电源功率开始增加。由于 VSC1 的功率支持受限，多 DC-DC 变换器协调控制开始工作。由于 VSC7 上发生临时故障并影响到中压交流系统Ⅰ的运行，因此连接其他中压柔性直流输电系统的 VSC 具有更高的优先级来提供功率支持。根据表 7-2 中换流站的 MIIF，计算每个中压柔性直流输电系统的 MIIF$_{weave}$。通过调整 DC-DC 变换器 1 和 DC-DC 变换器 2 的功率设定值，多 DC-DC 变换器协调控制将不平衡功率最优地分配到其他中压柔性直流输电系统中。

在 $t=1.1s$ 时，多 DC-DC 变换器协调控制开始工作。通过多 DC-DC 变换器协调控制，将 DC-DC 变换器 1 的功率调整为 55MW，将 DC-DC 变换器 2 的功率调整为 67MW，VSC3 从–18MW 变为 0MW，VSC4 从–40MW 变为–30MW，VSC5 从–30MW 变为–23MW，VSC6 从–77MW 变为–65MW。经过多 DC-DC 变换器协调控制后，DC-DC 变换器 3 的运行功率从–53MW 变为28MW，如图 7-8(c)所示。VSC1 的功率从 225MW 降至 195MW。高压柔性直流输电系统的直流电压稳定在 212kV。中压柔性直流输电系统Ⅲ的直流电压稳定在 88kV。

在 $t=1.5s$ 时，VSC7 恢复运行并以定直流电压控制工作。由于中压柔性直流输电系统Ⅲ恢复了直流电压控制，因此系统的直流电压开始增加。当直流电压升高到 95kV 以上时，DC-DC 变换器 3 的自适应运行切换控制启动，DC-DC 变换器 3 将其运行模式更改回定功率控制模式，DC-DC 变换器 1 的功率将恢复至有功设定值，如图 7-8(c)所示。由于其他 DC-DC 变换器仍在使用多 DC-DC 变换器协调控制,因此 VSC1 的功率从 195MW 增加到 273MW,以保持直流电压稳定在 200kV。通过 VSC7 的定直流电压控制,中压柔性直流输电系统Ⅲ的直流电压最终稳定在 100kV。

在 $t=1.6\mathrm{s}$ 时,多 DC-DC 变换器协调控制停止工作,DC-DC 变换器恢复到固定功率设定值运行。如图 7-8(c)所示,DC-DC 变换器 1 的功率恢复到 90MW,DC-DC 变换器 2 的功率恢复到 80MW,VSC3 从 0MW 变为–18MW,VSC4 从–30MW 变为–40MW,VSC5 从–23MW 变为–30MW,VSC6 从–65MW 变为–78MW。

本章在第 6 章的基础之上,进一步考虑多电压等级柔性直流系统中多个 DC-DC 变换器之间存在的协调控制问题。针对包含多个 DC-DC 变换器的多电压等级柔性直流系统,本章介绍了多 DC-DC 变换器的协调控制策略。该协调控制策略包括自适应运行切换控制和多 DC-DC 变换器协调控制两个控制功能。自适应运行切换控制可以为 DC-DC 变换器提供自动切换其运行模式的能力,以适应不同的多电压等级柔性直流系统运行情况;多 DC-DC 变换器协调控制可以保证在不同运行情况下多电压等级柔性直流系统的稳定性。通过仿真验证了自适应运行切换控制和多 DC-DC 变换器协调控制的有效性。

参 考 文 献

[1] Gowaid I A, Adam G P, Massoud A M, et al. Quasi two-level operation of modular multilevel converter for use in a high-power DC transformer with DC fault isolation capability[J]. IEEE Transactions on Power Electronics, 2014, 30(1): 108-123.

[2] Zhu L. A novel soft-commutating isolated boost full-bridge ZVS-PWM DC-DC converter for bidirectional high power applications[J]. IEEE Transactions on Power Electronics, 2006, 21(2): 422-429.

[3] Lüth T, Merlin M M C, Green T C, et al. High-frequency operation of a DC/AC/DC system for HVDC applications[J]. IEEE Transactions on Power Electronics, 2013, 29(8): 4107-4115.

[4] Nymand M, Andersen M A E. High-efficiency isolated boost DC-DC converter for high-power low-voltage fuel-cell applications[J]. IEEE Transactions on Industrial Electronics, 2009, 57(2): 505-514.

[5] Lin W, Jovcic D. Power balancing and dc fault ride through in DC grids with dc hubs and wind farms[J]. IET Renewable Power Generation, 2015, 9(7): 847-856.

[6] Jamshidifar A A, Jovcic D. 3-level cascaded voltage source converters controller with dispatcher droop feedback for direct current transmission grids[J]. IET Generation, Transmission & Distribution, 2015, 9(6): 571-579.

[7] Lin W, Jovcic D, Fazeli S M. Distributed power balance and damping control for high power multiport LCL DC hub[J]. Electric Power Systems Research, 2015, 129: 185-193.

[8] Xiang W, Lin W, Miao L, et al. Power balancing control of a multi-terminal DC constructed by multiport

front-to-front DC-DC converters[J]. IET Generation, Transmission & Distribution, 2017, 11 (2) : 363-371.

[9] Rong Z, Xu L, Yao L. DC/DC converters based on hybrid MMC for HVDC grid interconnection[C]. 11th IET International Conference on AC and DC Power Transmission, Birmingham, 2015: 1-6.

[10] Yazdani A, Iravani R. Voltage-sourced Converters in Power Systems[M]. Hoboken: John Wiley & Sons, 2010.

[11] CIGRE Working Group B4.41. Systems with multiple DC infeed[R]. France: CIGRE, 2008.

[12] Shao Y, Tang Y. Fast evaluation of commutation failure risk in multi-infeed HVDC systems[J]. IEEE Transactions on Power Systems, 2017, 33 (1) : 646-653.

[13] Sun K, Li K J, Wang M, et al. Coordination control for multi-voltage-level dc grid based on the dc-dc converters[J]. Electric Power Systems Research, 2020, 178: 106050.

第8章　混合直流输电系统

8.1　引　　言

随着直流输电技术的广泛应用，结合电流源换流器与电压源换流器的混合直流输电系统已成为研究热点[1]。自从第一个商业 HVDC 项目(Gotland HVDC 联络线)于 1954 年投入运营以来，基于电流源换流器的传统直流输电技术已经发展了 60 多年。基于电流源换流器的传统直流输电系统已广泛用于长距离大容量电力传输[1]。到目前为止，基于电流源换流器的传统直流输电系统的额定功率可高达 10GW。但是，基于电流源换流器的传统直流输电系统使用的晶闸管只能控制导通不能控制关断。此缺点使基于电流源换流器的传统直流输电系统无法连接到无源网络或者弱交流系统，且导致 LCC 逆变器在交流故障期间可能会发生换向失败。此外，基于电流源换流器的传统直流输电在传输有功功率时会消耗大量无功功率。

随着电力电子器件的不断发展，基于电压源换流器的柔性直流输电技术于 1990 年左右提出。柔性直流输电系统采用可同时打开和关闭的开关设备(如 IGBT)[2]。柔性直流输电系统的换向与电网电压无关，因此可以独立控制有功功率和无功功率[3,4]。此外，柔性直流输电系统不存在换相失败问题，并且可以为弱电网或者无源网络供电。随着电力电子技术的发展，柔性直流输电技术可以用于高达 800kV 的超高压输电[5-7]。但是，与基于电流源换流器的传统直流输电系统相比，柔性直流输电系统在大多数情况下具有安装成本较高、额定功率较小和损耗较高的缺点。

因此，结合基于电压源换流器和电流源换流器优点的混合直流输电技术逐渐得到关注并应用于电力系统。

8.2　混合直流输电系统系统级拓扑

本书讨论的混合直流输电系统由 LCC 逆变器和 VSC 逆变器结合形成。根据系统的拓扑结构不同，混合直流输电系统可以大体归纳为以下四种类型：极混合直流输电系统、终端混合直流输电系统、串联换流器混合直流系统以及并联换流器混合直流系统[6]。

8.2.1　极混合直流输电系统

极混合直流输电系统是双极系统，其中一极采用基于电流源换流器的传统直流输电，另一极采用基于电压源换流器的柔性直流输电。一个典型的极混合高压直流输电项目是 Skagerrak 高压直流输电系统。该高压直流输电系统将基于水力发电的挪威电网与基于风能和火力发电的丹麦电网连接起来。在 Skagerrak 高压直流输电系统中，Skagerrak 3 是基于电流源换流器的传统直流输电，而 Skagerrak 4 是基于电压源换流器的柔性直流输电。它们以双极性配置连接在一起，形成了一个极混合直流输电系统。在正常运行时，该系统使两个电网都可以在其能源组合中添加更多可再生能源，并且可以更高效地使用电力。在任何一个电网中断的情况下，由于该技术的黑启动能力，可以实现快速恢复。

图 8-1 显示了极混合直流输电系统的基本拓扑。极混合直流输电系统的拓扑是不对称的，因此采用电流源换流器的传统直流输电极和采用电压源换流器的柔性直流输电极的直流电流和电压都可以不同。在正常操作中，将两条直流线路的直流电流控制为相同的值，以使接地电流最小。此外，它们的直流电压的绝对值可能不同，因此，每个链路传递的功率可能会不同。极混合直流输电系统拓扑可用于升级现有的单极传统直流输电系统，以提高系统控制的灵活性。但是在单极高压直流输电系统中，不能使用这种混合结构。另外，如果两极中的直流电流不同，则会有接地电流。

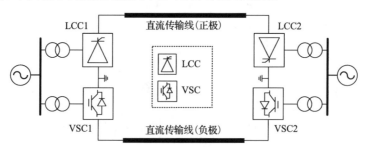

图 8-1　极混合直流输电系统的基本拓扑

8.2.2　终端混合直流输电系统

在终端混合直流输电系统中，一个终端采用基于电流源换流器的传统直流输电，另一个终端采用基于电压源换流器的柔性直流输电。乌东德电站送电广东广西特高压多端柔性直流示范工程项目属于终端混合直流输电系统。

乌东德项目是一个三端混合高压直流输电系统，将云南省的清洁廉价水电输送到广西和广东的负荷中心。云南的换流站采用传统直流输电技术，额定容量为 8000MW。另外两个终端采用柔性直流输电技术，额定容量分别为 3000MW（广西）和 5000MW（广东）。架空传输线约为 1500km。该项目有助于进一步将可再生能源整合到云南电网中，并确保广西和广东的直流传输不会发生换向失败问题。

图 8-2 展示了终端混合直流输电系统的基本拓扑。在该系统中，柔性直流输电系统的端子可以在整流器或逆变器模式下运行。以基于柔性直流输电技术的换流站作为整流器的系统主要用于风电集成，因为基于柔性直流输电技术的换流站可以作为网格形成转换器进行控制。当柔性直流输电系统的端子在逆变器模式下运行时，在接收端不会发生换向失败。此优点使其成为以低短路比将功率传输到负载中心的良好解决方案。对于两端系统，终端混合直流输电系统拓扑中的 LCC 和 VSC 具有相同的直流电流与直流电压，因此它们的额定功率也相同。但是在多终端系统中，它们的额定功率可能会有所不同。然而，它的缺点在于，由于 VSC 与 LCC 之间的额定功率差距很大，因此采用电流源换流器的传统直流输电系统的大功率传输能力无法在终端混合直流输电系统中充分利用。

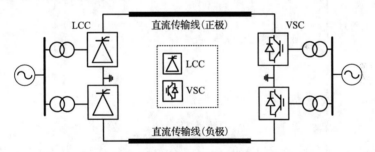

图 8-2 终端混合直流输电系统的基本拓扑

8.2.3 串联换流器混合直流系统

换流器混合直流输电系统采用的换流器由 LCC 和 VSC 组成。根据 LCC 和 VSC 的连接方式不同，换流器混合直流输电系统可分为串联换流器混合直流系统和并联换流器混合直流系统两类。目前在建的白鹤滩—江苏±800kV特高压直流输电工程采用的就是串联换流器混合拓扑形式。白鹤滩—江苏±800kV 特高压直流输电工程旨在将白鹤滩水电输送到江苏电网。江苏电网的接收端采用串联换流器混合拓扑。其中，LCC 消耗的部分无功功率由 VSC 提供。由于 VSC 具有交流电压支持功能，因此可以提高江苏电网的稳定性。

图 8-3 显示了串联换流器混合直流系统的基本拓扑。如图所示，串联换流器混合直流系统的正极和负极是对称的。每个端子由 LCC 和 VSC 串联形成。流经 LCC 和 VSC 的电流完全相同，但它们的直流电压可能不同。因此，LCC 的输送功率与 VSC 的输送功率的比率等于其直流电压的比率。由于换流站中存在 VSC，因此该拓扑也可以为弱交流电网供电。此外，通过 LCC 和 VSC 的协同控制，在送端出现交流故障时不会发生电流切断。但是，这种拓扑也有一些缺点。由于无法改变流经 LCC 的电流方向，并且大多数 VSC 拓扑的直流电压无法反向，因此功率反向成为一项艰巨的任务。而且，由于 LCC 和 VSC 的串联连接，流过它们的直流电流是相同的。但是 VSC 的电流运行范围远远小于LCC，因此 LCC 的大功率传输能力无法得到充分利用。

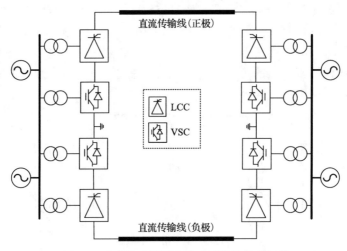

图 8-3　串联换流器混合直流系统的基本拓扑

8.2.4　并联换流器混合直流系统

在并联换流器混合直流系统[7]中，两个不同类型的换流器连接到同一条直流联络线上。由于仅需要一条高压直流输电线路，因此该混合直流系统节省了传输通道。到目前为止，尚无在建或计划中的相关项目。相比其他几类混合直流系统，并联换流器混合直流系统的运行更加灵活多变。本章后续将主要介绍并联换流器混合直流系统的基本拓扑和运行控制策略。

8.3　并联换流器混合直流系统拓扑和基本控制策略

8.3.1　并联换流器混合直流系统拓扑

图 8-4 显示了并联换流器混合直流系统的基本拓扑。并联换流器混合直流系统是双极高压直流输电系统。每个终端由一个 LCC 和一个 VSC 组成。LCC 和 VSC 在直流侧并联连接，并共享同一条直流传输线。在每个 LCC 的直流侧配置了一个反转开关以更改电压极性从而实现反转 LCC 输送方向的目的。

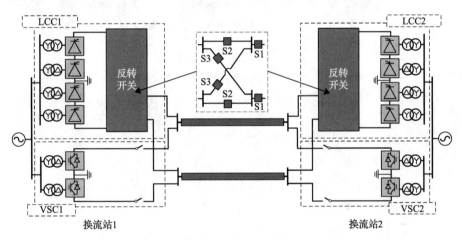

图 8-4　并联换流器混合直流系统的基本拓扑

8.3.2　并联换流器混合直流系统控制结构

在并联换流器混合直流系统中，LCC 的容量一般大于 VSC，从而实现降低投资成本的目的。但是，在大多数运行情况下，并联换流器混合直流系统上的功率流可能无法达到其最大容量。考虑到不同的运行要求，需要在每个换流站中配置换流站控制器，从而实现 LCC 和 VSC 之间的协调优化控制。图 8-5 显示了并联换流器混合直流系统的控制结构，其中 $P_{or\text{-}LCC1}$ 是换流站 I 中 LCC 的功率参考，$P_{or\text{-}VSC1}$ 是换流站 I 中 VSC 的功率参考，$P_{or\text{-}VSC2}$ 是换流站 II 中 VSC 的功率参考，而 P_{LCC2} 是流过换流站 II 中 LCC 的功率。

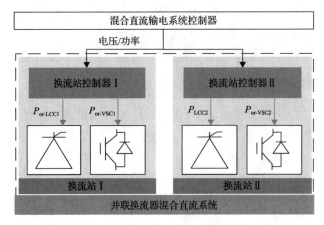

图 8-5　并联换流器混合直流系统的控制结构

　　在正常操作中，类似于传统的直流输电系统，并联换流器混合直流系统的一端控制直流电压，另一端控制功率。在每个终端，LCC 和 VSC 由换流站控制器独立控制。系统控制器将直流电压控制命令发送到一个换流站，以设置并联换流器混合直流系统的直流工作电压(在图 8-5 中，直流电压控制命令被发送到换流站 II 中的 LCC 转换器)。功率控制指令发送到两个终端的换流站控制器，以控制功率流。在每个终端中，功率控制指令由换流站控制器根据预先设定的功率分配策略分配给 LCC 和 VSC。一种分配策略是根据 LCC 和 VSC 的额定容量比例将功率控制指令分配给 LCC 和 VSC。另一种策略是将 LCC 容量利用率最大化，而将 VSC 容量用于灵活的潮流调节。例如，如果并联换流器混合直流系统的设定运行功率小于 LCC 的容量，则该功率仅流过 LCC。如果计划的电源超出了 LCC 的容量，则 LCC 将以满负荷运行，同时剩余功率由 VSC 承担。这种正常的操作策略可以减少换流站的损耗并保留 VSC 容量，从而为交流电网提供灵活的功率调节和无功功率支持。

8.3.3　并联换流器混合直流系统基本控制策略

　　并联换流器混合直流系统一端中的 VSC 和 LCC 的基本控制如图 8-6 所示，其中 I 和 I_{ref} 是测得的直流电流和直流电流参考值，U 和 U_{ref} 是测得的直流电压和直流电压参考值，P 和 P_{ref} 是测得的有功功率和有功功率参考值，Q 和 Q_{ref} 是测得的无功功率和无功功率参考值，E 和 E_{ref} 测得的交流电压和交流电压参考值，β 为触发超前角，α 为触发角，γ 为熄弧角。

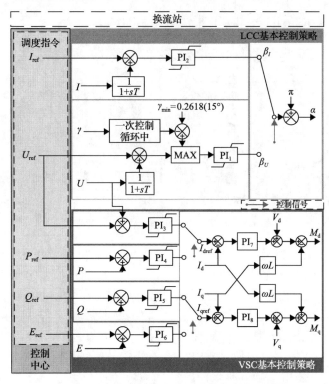

图 8-6　并联换流器混合直流系统基本控制策略

如图 8-6 所示，LCC 和 VSC 可以独立控制。LCC 可以运行在定熄弧角控制或定直流电流控制模式下，而 VSC 可以在定直流电压模式或定有功功率模式下进行控制。为了满足不同的控制目标，每个 LCC 和 VSC 均需要配置逆变器或整流器工作状态下的相应控制策略。

8.4　并联换流器混合直流系统功率控制策略

并联换流器混合直流系统的最重要特征是可以实现不间断的潮流反转。现有的大多数混合直流输电系统和其对应的功率反转策略需要更改直流输电线的电压极性，这需要数十秒到几分钟的时间来进行放电。在此期间，混合直流输电系统处于闭锁状态或与系统断开连接状态，电力传输将出现中断。而并联换流器混合直流系统可以实现不间断的潮流逆转，直流线路不需要反转电压极性，在功率反转期间功率传输也不会发生中断。本章介绍了一种用于并联换流器混合直流系统潮流不间断反转的反转开关和潮流反转控制策略。反转开关的拓扑结构和工作原理如图 8-7 所示。

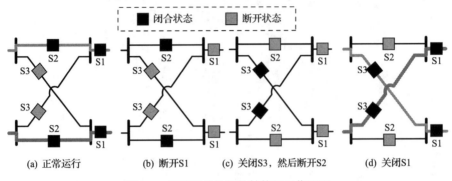

图 8-7　反转开关的拓扑结构和工作原理

　　反转开关采用机械开关或隔离开关作为开关器件，以实现快速地闭合和断开。反转开关配置在每个 LCC 的直流侧，每个反转开关由三组机械开关组成。对于正常运行状态，S1 和 S2 闭合，电流流过 S1 和 S2，如图 8-7(a) 所示。当 LCC 需要反转其电压极性时，首先，S1 断开从而将 LCC 与并联换流器混合直流系统断开连接，如图 8-7(b) 所示。然后，S2 断开，S3 闭合，如图 8-7(c) 所示。最后，如图 8-7(d) 所示，S1 闭合，电流从流经 S1 和 S2 变为流经 S1 和 S3，从而实现 LCC 电压极性的改变。

　　潮流反转控制用于实现并联换流器混合直流系统的潮流反转。并联换流器混合直流系统的潮流反转控制策略如图 8-8 所示。在正常运行模式下，LCC1运行在定直流电流控制(constant DC current control，CDCC)模式，LCC2 运行在定直流电压控制(constant DC voltage control，CDVC)模式，VSC1 和 VSC2运行在定功率控制(constant power control，CPC)模式。在图 8-8 中，假设潮流方向为从换流站 I 到换流站 II。当潮流反转控制启动时，首先，LCC2 将运行模式从定直流电压控制模式切换到定直流电流控制模式，同时 VSC2 从定功率控制模式切换到定直流电压控制模式。随后，将 LCC1 和 LCC2 上的潮流降低至 0，然后闭锁 LCC1 和 LCC2。随后，断开反转开关的 S1 使得 LCC1和 LCC2 从系统断开。LCC 与系统断开连接后，反转开关启动依据图 8-7 的反转策略[图 8-7(b) 和图 8-7(c)]将 LCC 的电压极性反转。同时，通过调整VSC 的定有功功率参考值，将直流联络线潮流降低至 0 左右。当直流联络线潮流降低至 0 同时 LCC 的电压极性实现反转时，LCC1 和 LCC2 通过反转开关闭合 S1 实现与系统的重连。随后，LCC2 切换回定直流电压运行模式，同时 VSC2 切换回定功率运行模式。最后，解除 LCC 闭锁，然后通过调整 LCC1和 VSC 的定有功功率参考值恢复线路潮流。

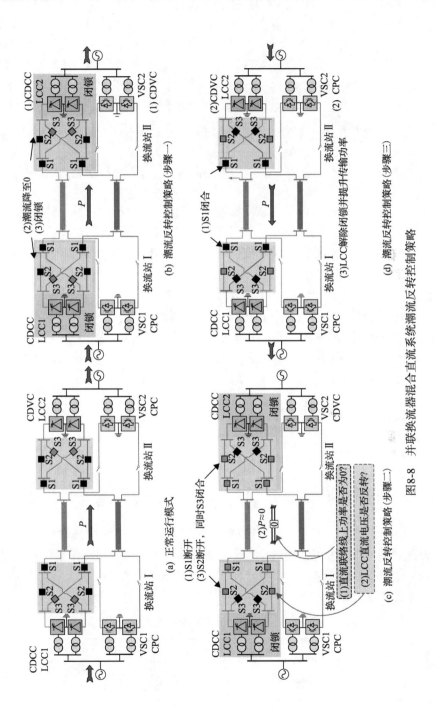

图 8-8 并联换流器混合直流系统潮流反转控制策略

通过潮流反转控制策略，并联换流器混合直流系统在平稳地实现潮流反转的同时不会中断系统功率传输。另外，由于并联换流器混合直流系统的运行特性，在并联换流器混合直流系统中，为了降低成本，LCC 的额定容量可以设计为 VSC 额定容量的几倍。LCC 主要用于远距离大功率输电，而 VSC 主要用于功率调节和无功补偿。因此，并联换流器混合直流系统是一种低成本解决方案，非常适用于有灵活功率调节和反转需求的大规模远距离输电。

8.5　并联换流器混合直流系统紧急功率控制策略

除了在正常运行条件下并联换流器混合直流系统可以实现不间断的双向潮流传输外，在连接的交流系统遭受大扰动时，并联换流器混合直流系统也可以提供快速且可控的紧急功率支援。通过在并联换流器混合直流系统控制器中的 LCC 和 VSC 之间进行协调控制，在必要时可以实现极短时间（秒级）的潮流反转，从而实现快速功率支援。

并联换流器混合直流系统的紧急功率支援控制可以基于常规的频率-有功功率下垂控制（frequency-power droop control，FPDC）实现。频率-有功功率下垂控制策略的控制图如图 8-9 所示，K_f 为频率-有功功率下垂系数。

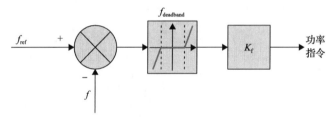

图 8-9　频率-有功功率下垂控制策略

在检测到系统频率干扰时（当频率在预定的死区 $f_{deadband}$ 之外时），频率偏差会通过频率-有功功率下垂控制策略转换为功率指令（额外需要调整的功率）。根据不同的功率指令，表 8-1 提出了八种基于并联换流器混合直流系统的紧急功率支援方案。

表 8-1　基于并联换流器混合直流系统的紧急功率支援方案

方案	控制启动条件	控制策略
方案一	功率指令小于 VSC 额定功率	调节 VSC1 和 VSC2 的有功功率参考值，满足紧急功率需求

续表

方案	控制启动条件	控制策略
方案二	功率指令大于 VSC 额定功率但小于总额定功率减去 VSC 和 LCC 当前运行值	两侧换流站中的 LCC 和 VSC 同时增加有功出力，其中 VSC 增加到额定功率，剩余功率需求由 LCC 承接
方案三	功率指令大于总额定功率减去 VSC 和 LCC 当前运行值	VSC 增加有功功率至额定功率。同时，利用 LCC 的短时过流能力（LCC 可以在短时间内将其运行功率增加到额定功率之上），将剩余功率需求转移到 LCC 运行以实现紧急交流系统支持的目的
方案四	功率指令为反向调节且小于 VSC 运行功率	与方案一相同
方案五	功率指令为反向调节且大于 VSC 运行功率但小于 VSC 和 LCC 当前运行值	两侧换流站中的 LCC 和 VSC 同时降低有功出力，其中 VSC 降低至 0，剩余功率需求由 LCC 承接
方案六	功率指令为反向调节且大于 VSC 和 LCC 当前运行值但小于 VSC 反转功率加 LCC 当前运行功率	LCC2 变为定直流电流控制，VSC2 变为定直流电压控制。两侧换流站中的 LCC 和 VSC 同时将有功功率降低到零。当 LCC1 和 LCC2 上的功率流为零时，LCC1 和 LCC2 进入闭锁状态，与此同时，VSC1 和 VSC2 立即反转潮流，并将反向功率增加到功率需求
方案七	功率指令为反向调节且大于 VSC 反转功率加 LCC 当前运行功率但小于 VSC 反转功率加 LCC 反转功率	LCC2 变为定有功功率控制，VSC2 变为定直流电压控制。两侧换流站中的 LCC 和 VSC 同时将有功功率降低为零。当 LCC1 和 LCC2 上的潮流为零时，LCC1 和 LCC2 进入闭锁状态，并将 LCC 与系统互联的开关断开。同时，VSC1 和 VSC2 立即反转潮流，并将反向功率增加到最大。在 VSC 反转的同时，LCC 的电压极性反转。一旦电压极性反转，LCC 立即重新连接回混合直流输电系统，并增加反向功率以满足功率需求
方案八	功率指令为反向调节且大于 VSC 反转功率加 LCC 反转功率	与方案七基本相同。区别在于，LCC 重新连接到混合直流输电系统后，将利用短时过流能力，在短时间内将其运行功率增加到其额定容量之上，以尽可能满足系统功率要求

8.6　仿 真 分 析

　　在本节中，为了验证并联换流器混合直流系统的控制性能，在 PSCAD/EMTDC 中实现了如图 8-4 所示的两端并联换流器混合直流测试系统。表 8-2 和表 8-3 列出了测试系统的主要电路参数和初始系统设置。接下来将通过仿真结果验证并联换流器混合直流系统的潮流反转控制策略和紧急功率控制策略的有效性，并给出相应的结果和分析。

表 8-2　主要电路参数

参数	换流站 I		换流站 II	
	LCC1	VSC1	LCC2	VSC2
交流额定电压/kV	500		500	
直流额定电压/kV	±500			
直流额定电流/kA	3	1	3	1
换流站额定功率/MW	4000		4000	
	3000	1000	3000	1000
直流输电线长度/km	1000			

表 8-3　初始系统设置

参数	换流站 I		换流站 II	
	LCC1	VSC1	LCC2	VSC2
潮流方向	换流站 I 到换流站 II			
控制模式	定直流电流控制	定功率控制	定直流电压控制	定功率控制
直流电压参考值/kV	460			

注: LCC2 的直流电压参考值将设置为 460kV 以使得 LCC1 的直流电压为 500kV(1p.u.)。

8.6.1　潮流反转控制策略验证

在潮流反转控制策略验证中，并联换流器混合直流系统的初始运行条件如下: 在 $t=6s$ 之前，并联换流器混合直流系统运行在正常运行模式。系统按照调度要求将4000MW的有功功率从换流站 I 传输到换流站 II。在 $t=6s$ 时，系统将在潮流反转控制策略中工作。在正常操作下，高压直流输电系统的功率调节速率为100MW/s。为了缩短仿真过程，在仿真中，将功率调节速率设置为500MW/s。

在 $t=6s$ 时，潮流反转控制策略启动。LCC2 的控制模式切换为定直流电流控制以控制系统潮流，而 VSC2 的控制模式切换为定直流电压控制以维持系统的直流电压。

在 $t=6\sim12s$，LCC1 和 LCC2 以恒定的功率斜率将流经其自身的功率降低至 0。

在 $t=12s$ 时，LCC1 和 LCC2 闭锁，同时反转开关的 S1 断开。

在 $t=12\sim14s$，通过反转开关对 LCC1 和 LCC2 的运行电压极性进行反转。同时，VSC1 将其有功功率参考值从 1000MW 线性调整到 0MW。

在 t=14.5s 时，由于 VSC2 现在用作整流，因此 VSC2 的直流参考电压设置为 500kV。

在 t = 15s 时，S1 闭合，同时 LCC1 和 LCC2 解除闭锁。LCC2 的控制模式切换为定直流电压控制，VSC2 的控制模式切换为定有功功率控制。

在 t = 15～26s，LCC1 上流经的功率线性变化为–3000MW。VSC2 的有功功率从 0MW 调整到 1000MW。

在 t = 26～28s，VSC1 的有功功率从 0MW 调整到–1000MW。

图 8-10 显示了正常潮流反转期间并联换流器混合直流系统的控制性能。可以看出，并联换流器混合直流系统的直流电压在功率流反向过程中（从 t=6s 到 t=28s）一直保持稳定。这意味着并联换流器混合直流系统的两个换流站在此期间仍然保持正常工作状态，而直流电压由其中一个换流站连续控制。另外，在潮流反转过程中，功率的上升和下降是平滑的，并且波动很小（如图 8-10 中 15～26s 所示）。这意味着在潮流反转过程中并联换流器混合直流系统的运行可以满足直流输电系统的运行可靠性要求。从仿真结果可以看出，通过提出的潮流反转控制策略，并联换流器混合直流系统可以实现双向潮流传输。潮流反转与正常调度一样平稳。此外，在潮流反转过程中无须使系统停止运行。

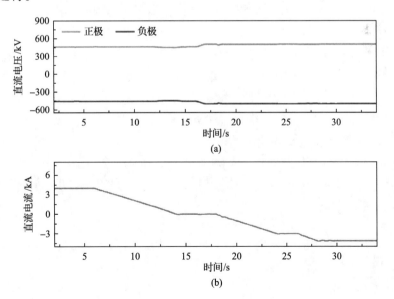

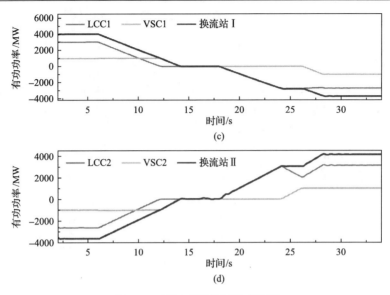

图 8-10　潮流反转控制策略验证

8.6.2 · 紧急功率控制策略验证

在紧急功率控制策略验证中，并联换流器混合直流系统的初始运行条件如下：在 $t=2.5s$ 之前，并联换流器混合直流系统运行在正常运行模式。系统按照调度要求将 3500MW 的有功功率从换流站 Ⅰ 传输到换流站 Ⅱ。在 $t = 2.5s$ 时，交流系统发电机跳闸，交流系统需要 800MW 的紧急功率支援，功率支援方向与系统当前运行功率流方向相同。并联换流器混合直流系统启动紧急功率控制策略。在 $t=4.0s$ 时，另一侧交流系统出现故障，需要 5100MW 的功率支持。在 $t = 6.5s$ 时，功率需求增加到 7000MW。在紧急操作下，高压直流输电系统一般的功率调节速率为 200MW/s。为了缩短仿真过程，在仿真中，将功率调节速率设置为 2000MW/s。

在 $t = 2.5s$ 时，由于功率支持方向与系统当前运行功率流方向相同，并且功率指令大于总额定功率减去 VSC 和 LCC 当前运行值。因此，启动紧急功率控制策略的方案三。

在 $t=2.5 \sim 2.75s$，VSC1 和 VSC2 的有功功率从 500MW 增加到 1000MW（额定功率），同时，LCC1 利用其短时过流能力将运行功率从 3000MW 增加到 3300MW。

在 $t =4.0s$ 时，由于功率需求突变，功率支持方向与系统当前运行潮流方向相反。此外，功率需求指令大于 VSC 和 LCC 当前运行值但小于 VSC 反转功率加 LCC 当前运行功率。因此，启动紧急功率控制策略的方案六。LCC2 的控制模式切换为定直流电流控制以控制直流系统潮流，VSC2 的控制模式切换为定直流电压控制以维持系统的直流电压。

在 t=4～4.5s，VSC1 将运行功率从 1000MW 线性降低至 0；在 t=4～5.65s，LCC1 将其有功功率从 3300MW 线性降低至 0。

在 t=5.65～6.05s，当 LCC1 上的潮流减小到 0 值时，LCC1 和 LCC2 闭锁并且反转开关的 S1 断开。同时，VSC 的功率流立即反向，并且 VSC1 的有功功率变为−800MW。由于 VSC2 用作整流，因此 VSC2 的直流电压参考设置为 500kV。

在 t=6.5s 时，由于功率需求指令与直流系统当前潮流方向相反且大于 VSC 反转功率加 LCC 当前运行功率但小于 VSC 反转功率加 LCC 反转功率。因此，启动紧急功率控制策略的方案七。

在 t=6.5～7.35s，通过反向开关将 LCC1 和 LCC2 的电压极性反转。然后，立即闭合开关 S1，并解除 LCC1 和 LCC2 的闭锁。LCC1 的有功功率线性地变为−1700MW。在 t=6.5～6.65s，VSC1 的有功功率从−800MW 线性调整到 −1000MW。

图 8-11 显示了紧急功率控制策略下并联换流器混合直流系统的性能。可以看出，并联换流器混合直流系统可以在几秒内实现潮流的反转，从而为受干扰的系统提供紧急功率（如图 8-11 中 4.5～6.5s 所示）。同时，在紧急功率控制策略控制过程中，并联换流器混合直流系统的直流电压保持稳定。这意味着并联换流器混合直流系统的两个换流站均保持工作，同时其中一个换流站可以在快速功率分配下持续控制直流电压。另外，由于换流站中 LCC 和 VSC 之间的协调控制，并联换流器混合直流系统的潮流调整非常灵活。从仿真结果可以看出，通过提出的紧急功率控制策略，并联换流器混合直流系统可以

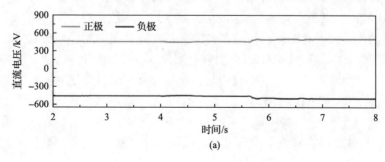

(a)

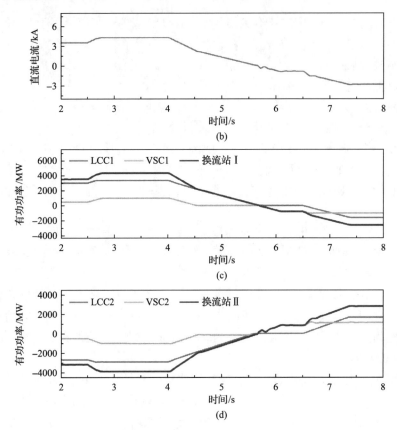

图 8-11　紧急功率控制策略验证

实现快速、不间断的双向潮流分配，以满足不同的紧急运行条件。并联换流器混合直流系统的安全运行大大提高了交流系统的可靠性。

　　本章首先讨论了常见的几种混合直流输电系统的结构。随后，介绍了一种并联换流器混合直流系统结构，该结构在每个换流站中配置了并联连接的 LCC 和 VSC，以实现大容量双向潮流。然后，介绍了用于其换流站 LCC 电压反转的反转开关和潮流反转控制策略，以实现并联换流器混合直流系统在正常运行模式下的不间断双向潮流传输。此外，根据系统紧急功率支援需求，提出了一种由八种控制方案组成的紧急功率控制策略，以便为不同的紧急情况提供快速且可控的功率支持。在 PSCAD/EMTDC 中的仿真结果证明了并联换流器混合直流系统在各种不同运行条件下的控制性能。从仿真结果可以看出，并联换流器混合直流系统可以同时保留 LCC 的卓越的大容量长距离功率传输的能力和 VSC 的灵活可控性，从而实现不中断的系统双向潮流控制，并具有为交流提供紧急功率支援的能力。

参 考 文 献

[1] Pierri E, Binder O, Hemdan N G A, et al. Challenges and opportunities for a European HVDC grid[J]. Renewable and Sustainable Energy Reviews, 2017, 70: 427-456.

[2] Flourentzou N, Agelidis V G, Demetriades G D. VSC-based HVDC power transmission systems: An overview[J]. IEEE Transactions on power electronics, 2009, 24(3): 592-602.

[3] Tong N, Lin X, Li Y, et al. Local measurement-based ultra-high-speed main protection for long distance VSC-MTDC[J]. IEEE Transactions on Power Delivery, 2018, 34(1): 353-364.

[4] Lin J. Integrating the first HVDC-based offshore wind power into PJM system-a real project case study[J]. IEEE Transactions on Industry Applications, 2015, 52(3): 1970-1978.

[5] Elizondo M A, Mohan N, O'Brien J, et al. HVDC macrogrid modeling for power-flow and transient stability studies in North American continental-level interconnections[J]. CSEE Journal of Power and Energy Systems, 2017, 3(4): 390-398.

[6] Xiao H, Sun K, Pan J, et al. Operation and control of hybrid HVDC system with LCC and full-bridge MMC connected in parallel[J]. IET Generation, Transmission & Distribution, 2020, 14(7): 1344-1352.

[7] Sun K, Xiao H, Pan J, et al. A station-hybrid HVDC system structure and control strategies for cross-seam power transmission[J]. IEEE Transactions on Power Systems, 2020(99): 1.